“十三五”普通高等教育规划教材

电工与电子技术实验教程

李　丽　主编　王丽娟　张　良　副主编　李　晶　主审

化学工业出版社
·北京·

本书是按照高等学校电工与电子技术实验的教学要求，结合实际情况及作者多年的教学经验编写的。全书共分为5章，包含绪论、常用仪器仪表的使用、电工基础实验、电子技术基础实验、综合设计性实验。书中内容是从长期的实验教学中筛选出来的实用性实验项目，选用了一部分传统的电工实验项目，同时借鉴了电类专业的相关知识。取材广泛，内容全面丰富。在难度上循序渐进，由易到难，既有验证性实验，又有综合设计性实验。实验线路全部为实物。对于初学电工基础的大学本科学生来说，实验器材、实验线路和实验现象直观明了，对增强感性认识，培养学生的实验兴趣、提高学生动手能力、培养学生的创新意识和能力有着积极的作用。

本书适于普通高等院校的非电类工科学生使用，也可作为高职高专相关专业的参考用书。

图书在版编目（CIP）数据

电工与电子技术实验教程/李丽主编．—北京：化学工业出版社，2017.9（2024.10重印）

"十三五"普通高等教育规划教材

ISBN 978-7-122-30231-1

Ⅰ.①电… Ⅱ.①李… Ⅲ.①电工技术-实验-高等学校-教材②电子技术-实验-高等学校-教材 Ⅳ.①TM-33②TN-33

中国版本图书馆CIP数据核字（2017）第167144号

责任编辑：马 波 杨 菁 闫 敏　　文字编辑：吴开亮

责任校对：王 静　　装帧设计：张 辉

出版发行：化学工业出版社（北京市东城区青年湖南街13号 邮政编码100011）

印 装：北京虎彩文化传播有限公司

787mm×1092mm 1/16 印张8 字数195千字 2024年10月北京第1版第7次印刷

购书咨询：010-64518888　　售后服务：010-64518899

网 址：http://www.cip.com.cn

凡购买本书，如有缺损质量问题，本社销售中心负责调换。

定 价：26.00元

前 言

电工与电子技术课程是工科非电类各专业必修的基础课程，具有理论与实践紧密结合的特点，其中实验环节在整个教学过程中具有非常重要的地位。本书根据《国家中长期基于改革和发展规划纲要（2010～2020）》中提出的全面提高高等教育质量、提高人才培养质量、强化实践教学环节的指导精神，在电工教学大纲的要求基础上，结合实际情况，针对巩固理论知识、加强学生实践能力和创新能力培养的教学目标，结合以往的电工与电子技术实验教材和相关理论教材编写而成，是为电工与电子技术课程专门编写的实验教材。

本书有以下特色。

1．操作内容详细，便于学生自学，适用范围广。

针对在基础实验过程中难以激发学生的实验兴趣和潜能、不能有效提高学生实践动手能力的问题，且现在各高校电工与电子技术实验课程存在着“内容多、学时少”的现状，本书在实验目的、实验内容、实验步骤和注意事项等几个方面进行了详细的分析和说明。另外，书中详细介绍了常用的电子仪器的使用，便于学生在实验学时有限的情况下，利用业余时间仔细阅读，掌握各种仪器的使用方法，从而提高课堂实验效率。这部分也可以供无线电爱好者参考。

2．书中内容取材广泛、由浅入深、循序渐进、实用性强。

全书共分为5章，包含绪论、常用仪器仪表的使用、电工基础实验、电子技术基础实验、综合设计性实验。内容上选用了一部分传统的电工实验项目，同时借鉴了电类专业的相关知识，取材广泛，内容全面丰富。在难度上循序渐进，由易到难，既有验证性实验，又有综合设计性实验。实验线路全部为实物。对于初学电工基础的大学本科学生来说，实验器材、实验线路和实验现象直观明了，对增强感性认识、培养学生的实验兴趣、提高学生动手能力有着积极的作用，有利于理论与实践相结合。附录中介绍了常用 TTL 集成电路芯片引脚功能，为学生完成设计性实验提供了方便条件。书中内容是从长期的实验教学中筛选出来的实用性实验项目，也可为读者提供有益的帮助。

3. 突出学生实践能力和分析问题、解决问题能力的培养。

教师在实验教学过程中通过对学生的认知能力、实践操作能力、在实践中学习的能力和电路设计能力 4 个方面的培养，逐步提高学生的实践能力，循序渐进地培养学生的综合应用能力和创新思维能力。每个实验项目之后都配有思考题，通过回答思考题，将学过的理论知识与实验现象结合起来，很好地巩固了所学的理论知识，将理论和实践有机地结合起来。本书较侧重科学实验方法的讲解，加强电工与电子实验技能训练，强调学生在整个实验过程中的参与，最终学会分析问题、解决实际问题。

通过本课程的学习，使学生掌握常用的电工电子仪器设备的使用方法，学会工程技术人员必须具备的电工电子技术实训的理论知识，具备较强的实践能力，为学习后续课程及今后从事实际工作奠定良好的基础。

本书适于普通高等院校的非电类工科学生使用，也可作为高职高专相关专业的参考用书。

本书由佳木斯大学信息电子技术学院教师编写。李丽担任主编，王丽娟、张良担任副主编。第 1 章、第 2 章、第 5 章的 5.2、5.5、5.6 节由张良编写，第 3 章由王丽娟编写，第 4 章由李丽编写，杜旭、翟洪波、牟晓枫、刘凯参与了本书的部分选题工作并分别编写了第 5 章的 5.1、5.3、5.4 节及附录。全书由李丽协调和统稿。在编写过程中得到实验中心主任杜旭和李晶教授的指导。李晶教授主审了本书。

由于作者水平有限，书中难免存在缺点和疏漏，诚恳期望各位读者能给予批评和指正。

编者

目录

第1章 绪 论

1.1 实验课的目的和意义

1.1.1 实验课的目的

电工与电子技术实验课的目的是为了加强学生对电工基础、模拟电子技术基础、数字电子技术基础等理论课程的理解和掌握，通过实验训练学生的实验技能，要求学生能独立进行实验，树立严谨的科学作风，提高学生查找和排除故障的能力。学生要达到的目标：

① 由实验培养学生利用基本理论分析问题、解决问题的能力，达到对理论知识的理解和掌握，并训练学生理论联系实际的能力和严谨求实的科学态度。

② 能正确选择、使用常用的电工仪表、电工设备及常用的电子仪器。这是电学实验的一个重要内容。电学仪器的使用包括两个方面的含义，一个是仪器本身技术特性的应用，另一个是被测电路的基本技术特性。只有两者相对应，才能取得良好的测量结果，此过程中，必须十分注意学习并掌握各种仪器设备的正确使用和操作方法。

③ 使学生学习一定的元器件使用技术，并能独立按电路图正确接线和查线。电工学实验中的一个核心问题就是元器件的正确使用，包括器件电气特性的了解，器件机械特性的了解，器件引脚的正确识别与使用等。实验中的许多故障，往往都是因为不能正确使用元器件造成的；一个完整的电路，光有器件还不够，还必须对电路中不同的元器件实现正确的电路连接，其需要在电学实验中不断认识、实践，经过反复的操作练习，达到掌握电路连接技术的目的。

④ 具有独立设计并安排组织实验的基本技能，能进行初步分析，排查故障。

⑤ 能准确读取实验数据，观察实验现象，测绘波形曲线；并能对结果进行分析和总结。

1.1.2 实验课的意义

电工与电子技术是工学非电类专业的专业基础课，实践性是它的基本特征之一。为了较好地掌握电工电子技术，除了掌握基本的原理、电路的组成和分析方法外，还要掌握器件及电路的应用技术，所以实验课已成为该课程教学中的重要环节。在实验室这个模拟现场的环境里，通过实验验证，巩固所学的理论知识，培养学生用理论知识去分析解决实际问题的能力，了解理论指导实践的各个环节和过程，为后续的专业课学习和将来从事工程技术打下一定的基础。

1.2 实验课的要求

1.2.1 对指导教师的要求

① 指导教师在每次实验前，要到实验室做准备实验，并且核对实验时间，避免差错。

② 任课教师应根据教学计划的安排，在每次实验前，向学生布置本次实验课的内容及注意事项，要求学生提前做好预习和写出预习实验报告。

③ 为严肃实验教学的课堂纪律，对迟到 10min 以上又无正当理由者，指导教师有权禁止其上实验课，所缺实验学生自已负责。

④ 实验前，指导教师要按《学生实验守则》要求，检查学生预习情况，不预习者不准上实验课。

⑤ 实验过程中，指导教师始终要用启发诱导方式指导实验课，以培养学生独立观察、思考、独立分析问题的能力，克服“抱着走”现象。

⑥ 每次实验结束时，指导教师要认真检查实验数据、曲线等参量，凡不合格者要求重做，在确认无误后，方可结束实验。

⑦ 每次实验课后，指导教师要根据实验教程要求，认真批改实验报告，严格要求，提出错误所在，对完成草率或抄袭者提出批评，严重者要求重做。

⑧ 每次实验课后，指导教师要根据学生预习、实验中表现和实验报告完成情况，给出成绩。

1.2.2 对学生的要求

① 实验课按《实验教学管理细则》规定，要进行考试或考核制度，成绩评定方法，可在电工与电子技术实验课期末考试题中，实验出题占有 10%～50%，或者实验综合评定，其分数按一定比例计入总分。

② 每位学生必须按规定独立完成实验课，因故不能参加实验者，应课前向指导教师请假（必须经有关领导批准）。对所缺实验要在期末电工与电子技术实验考试规定时间内补齐，缺实验者不得参加电工与电子技术实验期末考试。

③ 每次实验课前，必须做到预习，弄清实验题目、目的、内容、步骤、操作过程及记录参数等。写出实验预习报告，在实验前摆在实验桌上，经指导教师检查，并接受指导教师的提问。对不写预习报告又回答不出问题者，不准做实验。

④ 每次实验课前，学生必须提前 3～5min 进入实验室，找好座位，检查所需实验设备，做好实验前的准备工作。

⑤ 做实验前，首先要确定好实验电路所需电源的性能、极性、大小、测试仪表的量程选择等，了解实验设备的铭牌数据，以免出现错误和损坏设备。

⑥ 实验室内设备不准任意搬动和调换，非本次实验所用仪器设备，未经指导教师允许不得动用。

⑦ 要注意测试仪表和设备的正确使用方法。每次实验前，根据实验中所使用的设备情况，了解设备的原理和使用方法。在没有弄懂仪器设备的使用方法前，不得贸然使用，否则后果自负。

⑧ 要求每位学生在实验过程中，具有严谨的学习态度，认真、踏实，一丝不苟的科学作风，坚持每次实验都要亲自动手，不可“坐车”，实验小组内要轮流进行接线、操作和记录等工作，无特殊原因，中途不得退出实验，否则本次实验属无效。

⑨ 实验过程中，如出现事故，应马上断开电源开关，然后找指导教师和实验技术人员，如实反映事故情况，并分析原因和处理事故。如有损坏仪表和设备时，应按有关规定处理。实验室要保持安静、整洁的学习环境。

⑩ 每次实验结束，实验数据和结果一定要经指导教师检查，确认正确无误后，方可拆线，整理好实验台和周围卫生，填写实验登记簿，然后离开实验室。

⑪ 实验课后，每位学生必须按实验指导书的要求，独立编写实验报告，不得抄袭或借用他人的实验数据，实验报告上注明同组同学的姓名，实验报告在下次实验时交给指导教师，以供批阅。

1.3 实验数据的记录和处理

1.3.1 数据的有效数字

在记录数据时，保留最后一位不准确数字，它前面的数字均为准确数字，按此规定记录下来的数字称为有效数字。记录有效数字时，应注意：

① 只保留一位不准确数字。

② 不准确数字表示本位上有±1 个单位或者下一位有±5 个单位误差。例如 2.6，末尾的 6 为不准确数字，其表示测量结果介于 2.55～2.65 之间。

③ 有效数字的位数与小数点的位置无关，如 2367、2.367、23.67 都是四位有效数字。

④ 数字“0”只有在数字之间或在数字的末尾时才算做有效数字，如 0.0234 为三位有效数字，数据首位的两个“0”不算；3.140 为四位有效数字，末尾的“0”是有效数字，为不准确数字。

⑤ 表示误差时，只取一位有效数字，最多取两位有效数字，如±5%，±10%。

1.3.2 实验数据的处理

当有效数字的位数确定后，其后的数字应舍去。此时应采用“四舍五入”法，即采用“小于 5 舍，大于 5 入，等于 5 时，前偶则舍，前奇则入”的方法。

1.3.3 曲线的处理

测量结果用曲线表示比较形象和直观。在绘制曲线时应合理选择坐标系，并标出各坐标轴代表的物理量和单位。测量点的数量应根据曲线的具体形状确定，各个测量点要分布合理，合理处理曲线波动，使曲线变得光滑均匀，符合实际要求。

1.4 实验室安全注意事项

安全用电是实验中始终需要注意的重要的事项。为了做好实验，确保人身和设备的安全，在做电工实验时，必须严格遵守下列安全用电规则：

① 实验中的接线、改接、拆线都必须在切断电源的情况下进行（包括安全电压），线路连接完毕再送电，断电再拆线。

② 在电路通电情况下，人体严禁接触电路中不绝缘的金属导线和连接点带电部位，万一遇到触电事故，应立即切断电源，保证人身安全。

③ 实验中，特别是设备刚投入运行时，要随时注意仪器设备的运行情况，如发现有超量程、过热、异味、冒烟、火花等，应立即断电，并请指导老师检查。

④ 实验时应精力集中，同组者必须密切配合，接通电源前必须通知同组同学，以防止发生触电事故。

⑤ 了解有关电气设备的规格、性能及使用方法，严格按要求操作，注意仪表仪器的种类、量程和连接方法，保证设备安全。

第2章 常用仪器仪表的使用

2.1 万 用 表

2.1.1 概述

全新的 DY210 系列万用表，整机设计精良、操作方便、读数精确、功能齐全，采用新式保护套及大屏幕液晶显示。为防止误操作，对电流测量插孔采用机械保护装置，只有在选择电流测量时，对应的“mA”或“20A”插孔才会打开，否则被挡板挡住，有效避免插错表笔；“VΩHz”插孔则在输入端接有 PTC 热敏元件，对仪表的核心部分功能/量程开关的保护尤为充分，大大提高了产品的安全性和使用寿命。本产品能测量直流电压、电流，交流电压、电流，以及电阻、电容、电感、频率、占空比、温度、晶体二极管、三极管参数及电路通断等，适用于工程设计、实验测试、生产试验、工场事物、野外作业和家电维修等。

2.1.2 安全规则及注意事项

① 本仪表根据 IEC-1010 关于电测量仪器过压（CATII）和污染分类 2 级设计。

② 后盖没有盖好前严禁使用，否则有受电击的危险。

③ 使用前应检查表笔绝缘层完好，无破损及断线。

④ 进入或者退出电流测量各挡前，必须拔出表笔，再转动功能/量程开关，以免损坏机械保护装置。

⑤ 输入电信号不允许超过规定的极限值，以防电击和损坏仪表。

⑥ 正在测量时，不要旋转功能/量程开关。

⑦ 测量公共端“COM”和“大地”之间的电位差不得超过 1000V，以防电击。

⑧ 被测电压高于 DC 60V 和 AC 42V 的场合，应小心谨慎，以防触电。

⑨ 液晶屏显示电池符号时，表示电池电压不足，应及时更换电池，以确保测量准确度。

⑩ 仪表内熔丝的更换应采用同类型规格。

2.1.3 性能

① 低功耗 CMOS 双积分 A/D 转换集成电路，自动校零、自动极性显示、数据保持、低电池及超量程指示。

② 32 个量程选择。

③ 直流电压基本准确度：±0.5%（3½位）、±0.05%（4½位）。

④ 电容测量：1pF～200μF。

⑤ 电感测量：10μH～20H。

⑥ 频率测量：1Hz～20kHz。

⑦ 温度测量：−40～1000℃。

⑧ 表笔插孔机械保护功能，全量程过载保护功能。

⑨ 自动关机功能，开机后约 15min 会自动关闭电源，以防止仪表使用完毕忘关电源。

⑩ 最大显示值：1999（即 3½位）、19999（即 4½位）。

⑪ 液晶显示：70mm×48mm 大屏幕、高反差，字高 28mm，清晰美观。

⑫ 电源：9V 电池一节。

⑬ 电池电压不足指示

⑭ 外形尺寸：192mm×88mm×42mm。

⑮ 质量：约 600g（包括电池、护罩）。

⑯ 环境条件：

工作环境：温度 0～40℃；相对湿度<80%

存储条件：温度−10～40℃；相对湿度<85%

2.1.4 操作说明

将 POWER 键按下，如果电池不足，则显示屏左上方会显示电池符号，需要换电池再使用。

选择所需要的功能及量程。

（1）直流电压 DCV 测量

① 将功能/量程开关置于 DCV 量程范围；

② 将黑色表笔插入 COM 插孔，红表笔插入显露的表笔插孔（VΩHz 插孔）。并将表笔并接在被测负载或信号源上，仪表在显示电压读数的同时会指示出红表笔的极性。

注意：

a. 在测量之前不知被测电压范围时，应将功能/量程开关置于最高量程挡。

b. 当只显示最高位“1”时，说明被测电压已超过使用的量程，应该用更高量程测量。

c. “⚠”表示不要测量高于 1000V 的电压，虽然有可能显示读数，但可能会损坏万用表。

d. 测量高压时应特别注意安全。

（2）交流电压 ACV 测量

① 将功能/量程开关置于 ACV 量程范围；

② 将黑色表笔插入 COM 插孔，红表笔插入显露的表笔插孔（VΩHz 插孔），并将表笔并接在被测负载或信号源上。

注意：

a. 参见直流电压测试注意事项 a、b、d。

b. “⚠”表示不要测量高于 700V 的电压，虽然可能显示读数，但可能会损坏万用表。

（3）直流电流 DCA 测量

① 拔出表笔，将功能/量程开关置于 DCA 量程范围；

② 将黑色表笔插入 COM 插孔，红表笔插入显露的表笔插孔（mA 插孔或 20A 插孔）。将测试表笔串入被测电路中，仪表显示电流读数的同时会指示出红表笔的极性。

注意：

a. 测量前不知被测电流范围时，应将功能/量程开关置于最高量程挡。

b. 当只显示最高位“1”时，说明被测电流已超过使用的量程，应该用更高量程测量。

c. mA 插孔输入时，过载则熔断机内熔丝，须予以更换，熔丝的规格为 0.2A/250V。

d. 20A 插孔输入时，最大电流 20A 时间不超过 15s，20A 挡无熔丝。

（4）交流电流 ACA 测量

① 拔出表笔，将功能/量程开关置于 ACA 量程范围；

② 将黑色表笔插入 COM 插孔，红表笔插入显露的表笔插孔（mA 插孔或 20A 插孔）。将测试表笔串入被测电路中。

注意：参看直流电流测量注意事项 a～d。

（5）电阻 Ω 测量

① 将功能/量程开关置于 Ω 量程范围；

② 将黑色表笔插入 COM 插孔，红表笔插入显露的表笔插孔（VΩHz 插孔），将测试表笔跨接在被测电阻的两端。

注意：

a. 当输入开路时，仪表处于测量超量程状态，只显示最高位“1”。

b. 当被测电阻在 1MΩ 以上时，本表需数秒后才能稳定读数，对于高电阻测量这是正常的。

c. 检测在线电阻时，应关闭被测电路的电源，并使被测电路中电容放完电，才能进行测量。

d. 200MΩ 挡，红黑表笔短路时有 1MΩ 左右的底数，测量时应从读数中减去。

（6）电容 CAP 测量

① 按下 VΩHz/CxLx 开关；

② 将功能/量程开关置于所需 CAP 量程范围，等仪表自动校零；

③ 把被测电容插入标有“Cx”的插座进行测量。

注意：

a. 对于充有电荷的电容应进行放电，然后进行测量。

b. 测量较大电容时，所用的时间较长。

c. 在小电容量程，由于分布电容的影响，输入端开路时会有一个小的读数，这是正常的，它不会影响测量精度。

d. 单位：$1F=10^{6}\mu F=10^{9}nF=10^{12}pF$。

e. 不要把充有高电压的电容器（特别是容量大的）直接插入测量插座。

f. 测试完毕后，请一定将 VΩHz/CxLx 开关弹起，否则会影响其他功能的测试。

(7) 电感 L 测量

① 按下 VΩHz/CxLx 开关；

② 将功能/量程开关置于所需 L 量程范围；

③ 把被测电感插入标有“Lx”的插座进行测量。

注意：

a. 单位：$1\text{H}=10^3\text{mH}=10^6\mu\text{H}$。

b. 测试完毕后，请一定将 VΩHz/CxLx 开关弹起，否则会影响其他功能的测试。

(8) 频率（Hz）测量

① 将功能/量程开关置于 Hz 挡；

② 将黑色表笔插入 COM 插孔，红表笔插入显露的表笔插孔（VΩHz 插孔）。

注意：

a. “⚠”表示不得把大于 250V 的电压供给输入端，电压高于 10V 有效值，虽可获得测量结果，但超过仪表的误差范围。

b. 被测信号较强时，应使用外部衰减，以免损坏仪表。

c. 在噪声环境中，对于小信号测试使用屏蔽电缆为好。

(9) 晶体三极管 h_{FE} 参数测试

① 将功能/量程开关置于 h_{FE} 挡；

② 先认定晶体三极管是 PNP 型还是 NPN 型，然后将被测管 E、B、C 三脚插入仪表相应的插孔内。

③ 仪表显示的是 h_{FE} 近似值，测试条件为：基极电流约为 $10\mu\text{A}$，U_{ce} 约为 2.8V。

此外还有二极管测试、通断测试等。

2.2 示波器

2.2.1 简介

CA620 系列双踪示波器是一款外形美观、内部结构合理、性能优越、价格便宜的通用示波器。它特别适用于学校、工矿企业、科研以及医疗等单位。其主要性能和特点介绍如下。

① 垂直频响达 20MHz，最高灵敏度达 1mV/DIV。

② 具有宽电压输入范围，灵敏度可达 20V/DIV。

③ 垂直工作方式：CH1、CH2、ALT、CHOP、CH1+CH2、CH1−CH2。

④ 触发源选择：内、外、电源（内触发具有交替功能）。

⑤ 触发与扫描方式：常态、自动、电视场和电平锁定。

⑥ 扫描时间最慢为 0.5s/DIV，最快为 0.2μs/DIV，当扩展×10 时可达 20ns/DIV。

⑦ 扫描具有释抑时间调节，能同步周期性的复杂波形。

⑧ 具有 X-Y 显示功能，最高灵敏度达 1mV/DIV。

⑨ 具有自动电平锁定功能，无须调节电平电位器就能稳定地显示波形。

⑩ 具有触发指示发光二极管，当稳定显示波形时，发光二极管被点亮。

⑪ 具有自动聚焦功能，当改变示波管亮度时，仍能清晰地显示波形。

⑫ 具有元器件测试功能（仅带元器件测试功能的示波器具有）。

2.2.2 技术指标

CA620 示波器的主要技术指标见表 2.2.1。

表 2.2.1 CA620 示波器主要技术指标

项目		20MHz 示波器
		CA620
垂直系统	灵敏度	(5mV～20V)/DIV，按 1-2-5 顺序分 12 挡，CH1、CH2 扩展×5 达 1mV/DIV
	精度	×1：−5%～5%；扩展×5：−10%～10%
	微调比	≥2.5∶1
	频宽(−3dB)	DC：0～20MHz；AC：10Hz～20MHz
	上升时间	约 17.5ns
	输入阻抗	1MΩ±5%/25pF±5pF
	方波特性	上冲：≤5%(在 5mV/DIV 范围内)
	DC 平衡移动	(5mV～20V)/DIV：±0.5DIV
	线性	当波形在格子中心垂直移动时，幅度(2DIV)变化(−0.1～0.1)DIV
	垂直模式	CH1、CH2、ALT、CHOP、ADD(CH1+CH2、CH1−CH2)
	输入耦合	AC GND DC
	最大输入电压	300V(DC+AC 峰值，频率≤1kHz) 当探头设置在 1∶1 时最大有效读出值为 160Vp-p(56Vrms 正弦波) 当探头设置在 10∶1 时最大有效读出值为 400Vp-p(140Vrms 正弦波)
	CH2 INV BAL	≤1DIV
触发	触发源	内、外、电源
	内触发源	CH1、CH2、VERT
	触发方式	常态、自动、电视场、电平锁定
	耦合	AC：5Hz 到整个频段
	极性	+/−
	灵敏度	内触发：(5Hz～10MHz)≤1DIV；(10～20MHz)≤1.5DIV；电视场≤2DIV
		外触发：(5Hz～10MHz)≤200mVp-p；(10～20MHz)≤300mVp-p；电视场≤500mVp-p
	外触发模式信号 输入阻抗： 最大输入电压	1MΩ±5%/25pF±5pF
		300V(DC+AC 峰值)AC 频率不大于 1kHz
水平系统	扫描时间	(0.5s～0.2μs)/DIV，按 1-2-5 顺序分 20 挡
	精度	×1：−5%～5%；扩展×10：−10%～10%
	微调比	≥2.5∶1
	线性	×1：−5%～5%；扩展×10：−10%～10%
	由 X10 扩展引起的位移	在 CRT 中心小于 2DIV

续表

项目		20MHz 示波器
		CA620
X-Y 模式	灵敏度	同垂直轴
	频宽(－3dB)	DC:0～500kHz;AC:10Hz～500kHz
	X-Y 相位差	小于或等于 3°(DC～50kHz 之间)
校准信号	波形	方波
	频率	约 1kHz
	输出电压	2Vp-p±2%
	输出电阻	约 1kΩ
CRT 示波管	型号	15SJ118Y14
	显示颜色、余晖	绿色、中余晖
	有效屏幕面积	8×10DIV[1DIV=10mm(0.39in)]
	刻度	内部
	轨迹旋转	面板可调

2.2.3 操作前注意事项

输入端的最大电压，可参见表 2.2.2。当探头设定在 1∶1 位置时，最大有效读出电压是 160Vp-p（56Vrms 在正弦波时）。当探头设定在 10∶1 位置，最大有效读出电压是 400Vp-p（140Vrms 在正弦波时）。

表 2.2.2 输入端最大输入电压

输入端	最大输入电压
CH1,CH2	400V 峰值
外触发输入(EXT TRIG IN)	400V 峰值
探头	400V 峰值

2.2.4 操作方法

(1) 前面板介绍

CA620 示波器的前面板见图 2.2.1。

① CRT

电源主电源开关⑦：当此开关开启时电源指示灯⑥发亮。

亮度调节旋钮①：调节光迹或亮点的亮度。

聚焦调节旋钮③：调节光迹或亮点的清晰度。

轨迹旋转④：半固定的电位器，用来调整水平轨迹与刻度线的平行。

滤色片㉚：使波形显示效果更舒适。

② 垂直轴

CH1（X）输入⑰：通道 1 输入端，在 X-Y 模式下，作为 X 轴输入端。

CH2（Y）输入⑱：通道 2 输入端，在 X-Y 模式下，作为 Y 轴输入端。

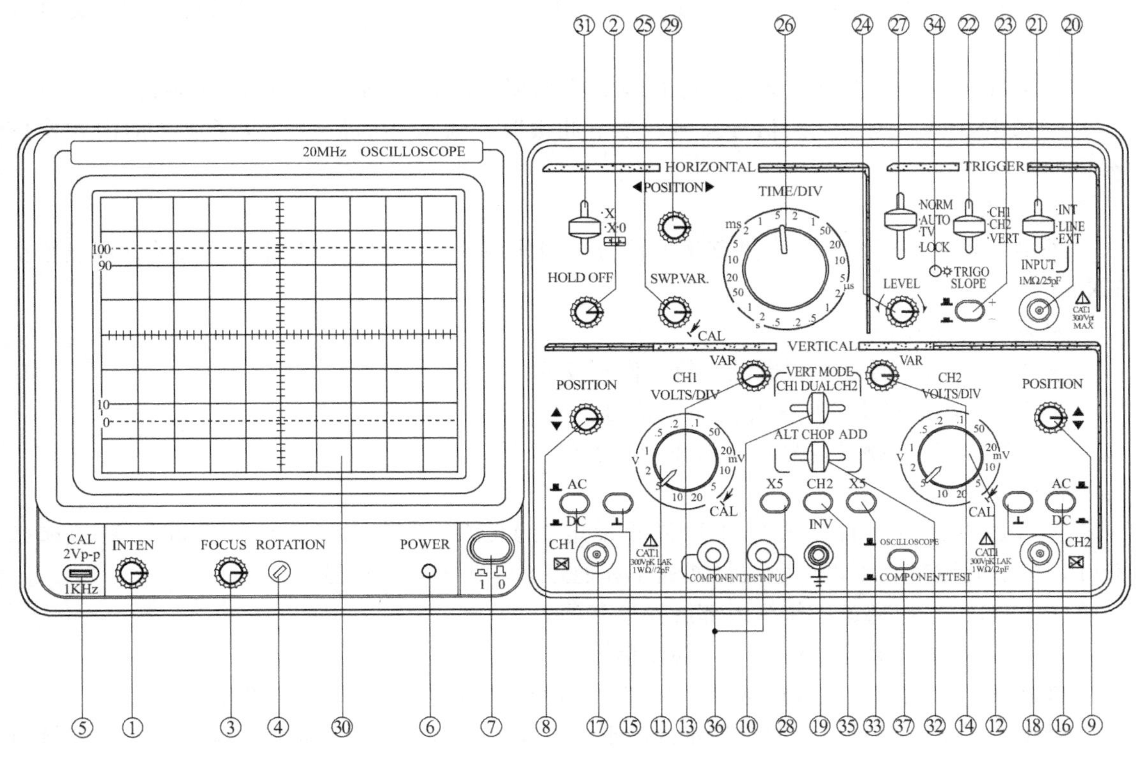

图 2.2.1　CA620 示波器前面板

①—亮度；②—HOLD OFF；③—聚焦；④—轨迹旋转；⑤—CAL；⑥—电源指示灯；⑦—电源开关；⑧—CH1 的垂直位移；⑨—CH2 的垂直位移；⑩—垂直方式；⑪—CH1 的垂直衰减开关；⑫—CH2 的垂直衰减开关；⑬—CH1 的垂直微调；⑭—CH2 的垂直微调；⑮—CH1 的 AC-GND-DC；⑯—CH2 的 AC-GND-DC；⑰—CH1（X）输入；⑱—CH2（Y）输入；⑲—GND；⑳—外触发输入端子；㉑—触发源选择；㉒—内触发源选择；㉓—极性；㉔—触发电平；㉕—水平微调；㉖—水平扫描速度开关；㉗—触发方式；㉘—CH1 扩展×5；㉙—水平位置；㉚—滤色片；㉛—扫描方式；㉜—双踪显示方式；㉝—CH2 扩展×5；㉞—触发指示灯；㉟—CH2 INV；㊱—元器件测试输入孔；㊲—“示波器/元器件测试”选择开关

CH1、CH2 扩展×5㉘㉝：此键按下时垂直灵敏度可达 1mV/DIV。

AC-GND-DC⑮⑯：选择垂直轴输入信号的输入方式。

- AC：交流耦合。
- GND：垂直放大器的输入接地。
- DC：直流耦合。

垂直衰减开关⑪⑫：调节垂直偏转灵敏度从 5mV/DIV～20V/DIV，分 12 挡。

垂直微调⑬⑭：微调比≥2.5∶1，在校正位置时，灵敏度校正为标示值。

垂直位移⑧⑨：调节光迹在屏幕上的垂直位置。

垂直方式⑩：选择 CH1 与 CH2 放大器的工作方式。

- CH1 或 CH2：通道 1 或通道 2 单独显示。
- DUAL：两个通道同时显示。

双踪显示方式㉜：

- ADD：在双踪显示时，按下此键，显示两个通道和 CH1＋CH2；按下 CH2 INV㉟按钮，为代数差 CH1－CH2。

• ALT：在双踪显示时，按下此键，通道 1 与通道 2 交替显示（通常用于扫描速度较快的情况）。

• CHOP：按下此键，通道 1 与通道 2 同时断续显示（通常用于扫描速度较慢的情况）。

CH2 INV㉟：通道 2 的信号反向，按下此键时，通道 2 的信号以及通道 2 的内触发信号同时反向。

③ 触发

外触发输入端子⑳：用于外部触发信号。当使用该功能时，触发源选择开关㉑应设置在 EXT 的位置上。

触发源选择㉑：

• INT：选择通道 1 或通道 2 信号作触发源。

• LINE：选择交流电源作为触发信号。

• EXT：外部触发信号接于⑳作为触发信号源。

内触发源选择㉒：

• VERT：当垂直方式选择开关⑩设定在 DUAL 状态下，而且触发源开关㉑选择 INT，按下此键时，则以交替选择通道 1 和通道 2 作为内触发信号源。

• CH1：选择通道 1 作为内部触发信号源。

• CH2：选择通道 2 作为内部触发信号源。

极性㉓：触发信号的极性选择。“+”上升沿触发，“−”下降沿触发。

触发电平㉔：显示一个同步稳定的波形，并设定一个波形的起始点。向“+”（顺时针）旋转触发电平增大，向“−”（逆时针）旋转触发电平减小。

触发方式㉗：选择触发方式。

• AUTO：自动，当没有触发信号输入时，扫描在自由模式下。

• NORM：常态，当没有触发信号时，踪迹在待命状态（并不显示）。

• TV：电视场，适用于观察一场的电视信号。

（仅当同步信号为负脉冲时，方可同步）。

• LOCK：触发电平锁定，触发电平被锁定在一个固定电平上，这时改变扫描速度或信号幅度时，不再需要调节触发电平，即可获得同步信号。

触发指示灯㉞：在触发扫描时，发光二极管亮。

④ 时基

水平扫描速度开关㉖：扫描速度可以分 20 档，从 0.2μs/DIV～0.5s/DIV。

水平微调㉕：微调水平扫描时间，使扫描时间被校正到面板上 TIME/DIV 指示的一致。TIME/DIV 扫描速度可连续变化，当顺时针旋转到底为校正位置。整个延时可达 2.5 倍甚至更多。

水平位置㉙：调节光迹在屏幕上的水平位置。

扫描方式㉛：选择扫描方式

×1：扫描未被扩展。

×10：扫描倍率被扩展 10 倍。

X-Y：为“X-Y”模式，此时开关㉖不起作用。

⑤ 其他

CAL⑤：提供幅度为 2Vp-p、频率为 1kHz 的方波信号，用于校正 10：1 探头的补偿电容器和检测示波器垂直与水平的偏转系数。

GND⑲：示波器机箱的接地端子。

元器件测试输入孔㊱：仅带元器件测试功能的示波器具有。

“示波器/元器件测试”选择开关㊲：按下此键时，为元器件测试工作方式（仅带元器件测试功能的示波器具有）。

（2）单通道操作

接通电源前务必先检查电压是否与当地电网一致，然后将有关控制元件按表 2.2.3 设置。

表 2.2.3　控制元件的设置方式

功　能	序　号	设　置
电源(POWER)	⑦	关
亮度(INTEN)	①	居中
聚焦(FOCUS)	③	居中
垂直方式(VERT MODE)	⑩	通道 1(CH1)
双踪显示方式	㉜	ALT
通道 2 反相(CH2 INV)	㉟	释放
垂直位移(▲▼ POSITION)	⑧⑨	居中
垂直衰减(VOLTS/DIV)	⑪⑫	50mV/DIV
微调(VAR)	⑬⑭	CAL(校正位置)
AC-GND-DC	⑮⑯	GND
触发源	㉑	内(INT)
极性(SLOPE)	㉓	+
内触发源选择	㉒	通道 1(CH1)
触发方式	㉗	自动
扫描时间(TIME/DIV)	㉖	0.5ms/DIV
微调(SWP. VAR)	㉕	CAL(校正位置)
水平位移(POSITION)	㉙	居中
扫描方式	㉛	×1

将开关和控制部分按以上设置完成后，接上电源线。

① 电源接通，电源指示灯亮约 20s 后，屏幕出现光迹。如果 60s 后还没有出现光迹，再检查开关和控制旋钮的设置。

② 分别调节亮度，聚焦，使光迹亮度适中清晰。

③ 调节通道 1 垂直位移旋钮与轨迹旋转④，使光迹与水平刻度平行（用螺丝刀调节光迹旋转电位器）。

④ 用 10∶1 探头将校正信号⑤输入至 CH1 输入端。

⑤ 将 AC-GND-DC 开关设备在 AC 状态。一个方波将会出现在屏幕上。

⑥ 调整聚焦使图形到清晰状态。

⑦ 对于其他信号的观察，可通过调整垂直衰减开关，水平扫描时间开关，垂直和水平位移旋钮到所需的位置，从而得到幅度与时间都容易读出的波形。

以上为示波器最基本的操作，通道 2 的操作与通道 1 的操作相同。

(3) 双通道操作

选择垂直方式⑩到 DUAL 状态下，且双踪显示方式㉜置于 ALT，这时通道 2 的光迹也出现在屏幕上。通道 1 显示一个方波（来自校正信号输出的波形），而通道 2 仅显示一条直线（因为没有信号接到该通道）。将校正信号接到 CH2 的输入端，将 AC-GND-DC 开关设置到 AC 状态，调整垂直位移⑧和⑨使两通道的波形，CH1 和 CH2 的信号，交替地显示到屏幕上，此设定用于观察扫描时间较短的两路信号。双踪显示方式㉜置于 CHOP，CH1 与 CH2 上的信号以 250kHz 的速度独立的显示在屏幕上，此设定用于观察扫描时间较长的两路信号。在进行双通道操作时，如选择 DUAL 方式，则必须通过触发源的开关来选择 CH1 或 CH2 的信号作为触发信号。如果 CH1 和 CH2 的信号同步，则两个波形都会稳定显示出来。不然，则仅有选择了相应触发源的通道可以稳定地显示出信号。如果内触发源选择开关㉒置于 VERT，则两个波形都会同时稳定地显示出来。

(4) 加减操作

通过设置垂直方式⑩为 DUAL，设置双踪显示方式㉜为 ADD，可以显示 CH1 与 CH2 信号的代数和，如果 CH2 INV 开关被按下则为代数减。此时，两个通道的衰减设置必须一致。垂直位置可以通过垂直位移来调整。鉴于垂直放大器的线性变化，最好将该旋钮设置在中间位置。

(5) 触发源的选择

正确地选择触发源对于有效地使用示波器是至关重要的，使用者必须十分熟悉触发源的选择、功能及其工作次序。

① 触发方式开关

AUTO：自动模式，扫描发生器自激振荡产生一个扫描信号；当有触发信号时，它会自动转换到触发状态，通常第一次观察一个波形时，将其设置于“AUTO”，当一个稳定的波形被观察到以后，再调整其他设置。当其他控制部分设定好以后，通常将开关设回到“NORM”触发方式，因为该方式更加灵敏。当测量直流信号或小信号时必须采用“AUTO”方式。

NORM：常态，通常扫描发生器保持在静止状态，屏幕上无光迹显示。当触发信号经过由“触发电平开关”设置的阀门电平时，扫描一次之后扫描发生器又回到静止状态，直到下一次被触发。在双踪显示“ALT”与“CHOP”的扫描时，除非通道 1 与通道 2 都有足够的触发电平，否则不会显示。

TV：电视场，当需要观察一个整场的电视信号时，将 MODE 开关设置到 TV，对电视信号的场信号进行同步，扫描时间通常设定到 2ms/DIV（一帧信号）或 5ms/DIV（一场两帧隔行扫描信号）。

② 触发信号源功能　为了在屏幕上显示一个稳定的波形，需要给触发电路提供一个与显示信号在时间上有关联的信号（即触发信号），触发源开关就是用来选择触发信号的。

CH1：大部分情况下采用的内触发模式。

CH2：送到垂直输入端的信号在预放以前分一支到触发电路中。由于触发信号就是测试信号本身，因此显示屏上会出现一个稳定的波形。

在 DUAL 方式下，触发信号由触发源开关来选择。

LINE：用电网交流电源的频率作为触发信号。这种方法对于测量与电源频率有关的信号十分有效。如音响设备的交流噪声，晶闸管电路等。

EXT：用外来信号驱动扫描触发电路。该外来信号因与被测的信号有一定的时间关系，波形即由外来信号触发而显示出来。

③ 触发电平和极性开关　触发信号形成时通过了一个预置的阀门电平，调整触发电平旋钮可以改变该电平，向“+”方向时，阀门电平增大，向“−”方向时，阀门电平减小，当在中间位置时，阀门电平设定在信号的平均值上。

触发电平可以用来调节所显示波形的扫描起点。对于正弦信号，起始相位是可变的。注意：如果触发电平的调节过正或过负，就不会产生扫描信号，因为这时触发电平已经超过了同步信号的幅值。

极性开关设置在“+”时，上升沿触发，极性开关设置在“−”时，下降沿触发。

触发电平锁定：由平当触发方式开关㉗置于 LOCK，触发电平被锁定在一个固定值，此时改变信号幅度频率，不需要调整触发电平即可获得一稳定的波形。

当输入信号的幅度或外触发信号的幅度在以下范围时该功能有效。

CA620：50Hz～5MHz≥1DIV（EXT：0.5V）

5～20MHz≥2DIV（EXT：0.5V）

④ 触发交替开关（VERT）　当垂直方式选定在双踪交替显示时，该开关用于交替触发和交替显示。在交替方式下，每一个扫描周期，触发信号交替一次。这种方式有利于波形幅度、周期的测试，甚至可以观察两个在频率上并无联系的波形。但不适合于相位和时间对比的测量。对于此测量，两个通道必须采用同一同步信号触发。

（6）扫描速度控制

调节水平扫描速度开关㉖，可以选择想要观察的波形个数，如果屏幕上显示的波形过多，则将扫描速度调节得更快一些，如果屏幕上只有一个周期的波形，则可以减慢扫描速度。当扫描速度太快时，屏幕上只能观察到周期信号的一部分。如被测信号是一个方波信号，可能在屏幕上显示的只是一条直线。

（7）扫描扩展

当需要观察一个波形的一部分时，需要很高的扫描速度。但是如果想要观察的部分远离扫描的起点，则所要观察的部分波形可能已经出到屏幕以外。这时就需要使用扫描扩展开关。当扫描扩展开关按下后，显示的范围会扩展 10 倍。这时的扫描速度是“扫描速度开关”上的值/10。如，1μs/DIV 可以扩展到 0.1μs/DIV。

（8）X-Y 操作

将扫描方式开关㉛设定在 X-Y 位置时，示波器工作方式为 X-Y。其中 *X* 轴：CH1 输入；*Y* 轴：CH2 输入。

注意：当高频信号在 X-Y 方式时，应注意 *X* 轴与 *Y* 轴在频率、相位上的不同。

X-Y 方式允许示波器进行常规示波器所不能完成的很多测试。CRT 可以显示一个电子图形或两个瞬时的电平。它可以是两个电平直接的比较，就像向量示波器显示视频彩条图形。如果使用传感器将动态参数（频率，温度、速度等）转换成电压信号，X-Y 方式就可以显示这些参数的图形。一个通用的例子就是幅频特性测试。这里 *Y* 轴对应于信号幅度，*X* 轴对应于频率。

相位差	显示波形			
0°				
45°				
90°				
f(y):f(x)	1:1	2:1	3:1	3:2

图 2.2.2　李沙育图形

在某些场合，需要观察李沙育图形可用 X-Y 方式，如图 2.2.2 所示，当从 X-Y 这两个输入端输入正弦信号时，在示波管荧屏上可显示出李沙育图形，根据图形可以推算出两个信号之间频率及相位关系。

(9) 探头校正

正如以前所述，示波器探头可用于一个很宽的频率范围，但必须进行相位补偿。失真的波形会引起测量误差。因此，在测量前，要进行探头校正。

2.2.5　测量

(1) 测量前的检查和调整

为了得到较高的测量精度，减少测量误差，在测量前应对如下项目进行检查和调整。

① 光迹旋转　在正常情况下，屏幕上显示的水平光迹应与水平刻度线平行，但由于地球磁场与其他因素的影响，会使水平迹线产生倾斜，给测量造成误差，因此在使用前可按下列步骤检查或调整。

a. 预置示波器面板上的控制件，使屏幕上获得一根水平扫描线。

b. 调节垂直移位使扫描基线处于垂直中心的水平刻度线上。

c. 检查扫描基线与水平刻度线是否平行，如不平行，用螺丝刀调整前面板“ROTATION”电位器。

② 探极　探极的调整用于补偿由于示波器输入特性的差异而产生的误差，调整方法如下。

a. 按表 2.2.3 设置面板控制元件，并获得一扫描基线。

b. 设置“V/DIV”为 50mV/DIV 挡级。

c. 将 10∶1 探极接入 CH1 通道，并与本机校正信号⑤连接。

d. 按 2.2.4 内容操作有关控制件，使屏幕上获得图 2.2.3 探极补偿波形。

e. 观察波形补偿是否适中，可适当调整探极补偿元件，见图 2.2.4。

f. 设置垂直方式到“CH2”，并将 10∶1 探极接入 CH2 通道，按步骤 b～步骤 e 方法检查调整 CH2 探极。

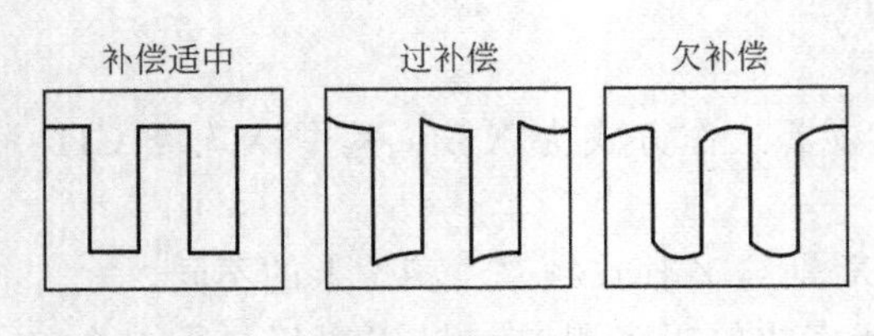

图 2.2.3　探极补偿波形

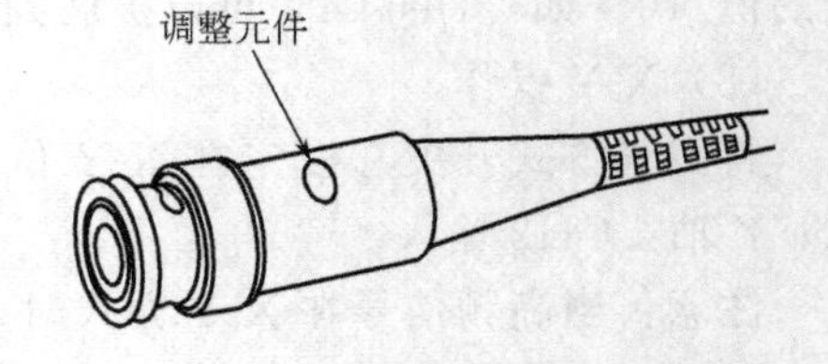

图 2.2.4　探极补偿元件

(2) 幅值的测量

① 峰-峰电压的测量　对被测信号波形峰-峰电压的测量，步骤如下。

a. 将信号输入至 CH1 或 CH2 通道，设置垂直方式为被选用的通道，且被选用通道的耦合方式为“AC”。

b. 设置垂直衰减开关，并观察波形，使被显示的波形在5格左右，请检查微调顺时针旋至CAL（校正位置）。

c. 调整电平使波形稳定（如果是电平锁定，无须调节电平）。

d. 调节水平扫描速度开关，使屏幕显示至少一个波形周期。

e. 调节垂直位移，使波形底部在屏幕中某一水平坐标上，如图2.2.5中所示Ⓐ点。

f. 调节水平位移，使波形顶部在屏幕中央的垂直坐标上，如图2.2.5中所示Ⓑ点。

g. 读出垂直方向Ⓐ、Ⓑ两点之间的格数。

h. 按下面公式计算被测信号的峰-峰电压值（Vp-p）

$$V\text{p-p}=\text{垂直方向的格数}\times\text{垂直偏转系数}$$

例如：图2.2.5中，测出Ⓐ、Ⓑ两点垂直格数为4.2格，用10∶1探极的垂直偏转系数为2V/DIV，则

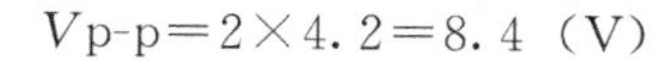

$$V\text{p-p}=2\times4.2=8.4\ (\text{V})$$

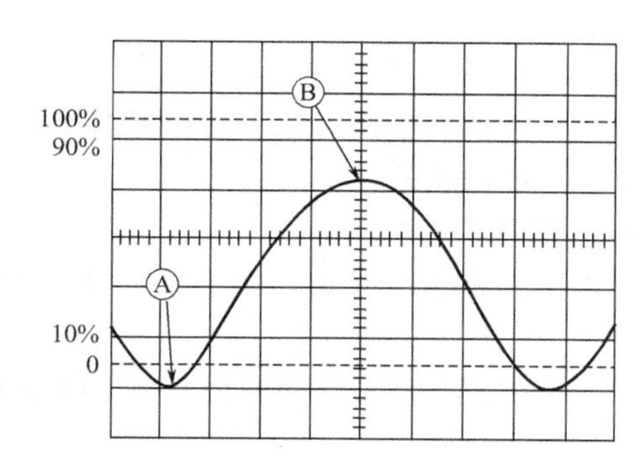

图2.2.5　峰-峰电压值测试

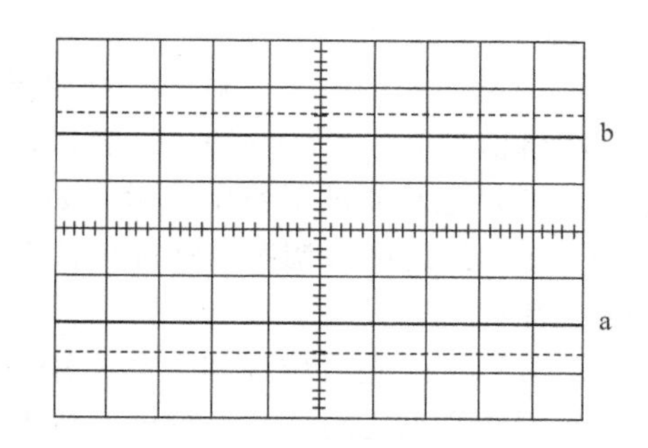

图2.2.6　直流电压测量

② 直流电压的测量　直流电压的测量步骤如下。

a. 设置面板控制元件，使屏幕显示一条扫描基线。

b. 设置被选用通道的耦合方式为“GND”。

c. 调节垂直位移，使扫描基线在某一水平坐标上，如图2.2.6中所示直线a，并定义此坐标为电压零值。

d. 将被测电压接入被选用的通道。

e. 将被选用通道的耦合方式置于“DC”，将微调顺时针旋至校正位置，调节垂直衰减开关，使扫描基线偏移在屏幕中一个合适的位置上，如图2.2.6中所示直线b。

f. 读出扫描基线在垂直方向上偏移的格数。

g. 按下列公式计算被测直流电压值

$$V=\text{垂直方向的格数}\times\text{垂直偏转系数}\times\text{偏转方向（+或−）}$$

例如：在图2.2.6中，测出扫描基线比原基线上移4格，垂直偏转系数2V/DIV，则

$$V=2\times4\times(+)=+8\ (\text{V})$$

③ 幅值比较　在某些应用中，需对两个信号之间的幅值偏差（百分比）进行测量，其步骤如下。

a. 将作为参考的信号输入CH1或CH2通道，设置垂直方式为被选用的通道。

b. 调整电压衰减开关和垂直微调使屏幕显示幅度为垂直方向 5 格，可设定为从 0%刻度线到 100%刻度线。

c. 在保持电压衰减开关和垂直微调在原位置不变的情况下，将欲比较的信号接至另一测试通道，调整垂直位移使波形底部对准 0%刻度线。

d. 调整水平位移使波形顶部在屏幕中央的垂直刻度线上。

e. 根据 0%和 100%的百分比标准，从屏幕中央的垂直坐标上读出百分比（1 小格等于 4%）。

④ 代数叠加　当需要测量两个信号的代数和或差时，可根据下列步骤操作。

a. 设置垂直方式为“DUAL”，根据信号频率选择“ALT”和“CHOP”。

b. 将两个信号分别输入 CH1 和 CH2 通道。

c. 调节电压衰减器使两个信号的显示幅度适中且 VOLTS/DIV 必须相同，调节垂直位移，使两个信号波形处于屏幕中央。

d. 将双踪显示方式置于“ADD”，即得两个信号的代数和显示；若需观察两个信号的代数差，则将 CH2 反相（开关㉟按下）。

(3) 时间测量

① 时间间隔的测量　对于一个波形中两点间时间间隔的测量，可按下列步骤进行。

a. 将信号输入 CH1 或 CH2 通道，设置垂直方式为被选通道。

b. 调整电平使波形稳定显示（如电平锁定，则无须调节电平）。

c. 将扫描速度微调顺时针旋至校正位置，调整水平扫描速度开关，使屏幕上显示 1～2 个信号周期。

d. 分别调整垂直位移和水平位移，使波形中需测量的两点位于屏幕中央水平刻度线上。

e. 测量两点之间的水平刻度，按下列公式计算出时间间隔。

$$\text{时间间隔}(T)=\frac{\text{两点之间水平距离(格)}\times\text{扫描时间系数(时间/格)}}{\text{水平扩展倍数}}$$

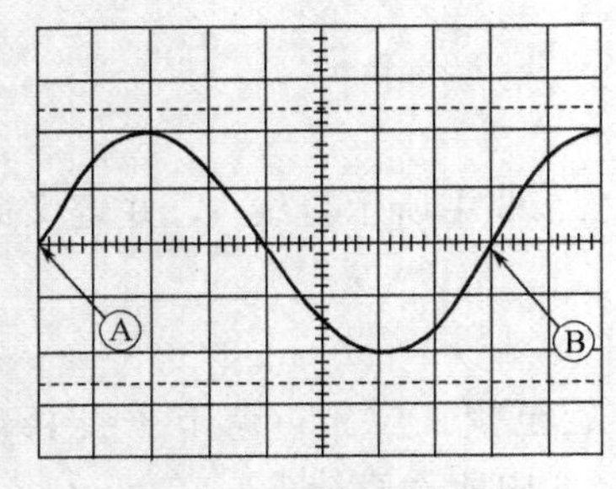

图 2.2.7　时间间隔测量

例如：信号的波形如图 2.2.7 所示，测量Ⓐ、Ⓑ两点的水平距离为 8 格，扫描时间系数为 2μs/DIV 水平扩展×1，则

$$\text{时间间隔}=2\mu\text{s/DIV}\times 8\text{DIV}=16\mu\text{s}$$

② 周期和频率的测量　在图 2.2.7 的例子中，所测得的时间间隔即为该信号的周期 T，该信号的频率为 $1/T$，例如 $T=16\mu$s，则频率为

$$f=\frac{1}{T}=\frac{1}{16\times 10^{6}}=62.5\ (\text{kHz})$$

③ 上升或下降时间的测量　上升（或下降）时间的测量方式和时间间隔的测量方法一样，只不过是测量被测波形满幅度的 10%和 90%两处之间的水平轴距离，测量步骤如下。

a. 设置垂直方式为 CH1 或 CH2，将信号输入到被选中的通道。

b. 调整垂直衰减开关和微调，使波形的垂直幅度显示 5 格。

c. 调整垂直位移，使波形的顶部和底部分别位于 100%和 0%的刻度线上。

d. 调整水平扫描速度开关，使屏幕显示波形的上升沿或下降沿。

e. 调整水平位移，使波形上升沿的10%处相交于某一垂直刻度线上。

f. 测量10%到90%两点间的水平距离（格），如波形的上升沿或下降沿较快则可将水平扩展×10，使波形在水平方向上扩展10倍。

g. 按下列公式计算出波形的上升（或下降）时间

$$上升(或下降)时间=\frac{水平距离(格)\times扫描时间系数(时间/格)}{水平扩展倍数}$$

例如：信号的波形如图2.2.8所示，波形上升沿的10%处至90%处的水平距离为2.4格，扫描时间系数1μs/DIV，水平扩展×10，根据公式算出

$$上升时间=\frac{1\mu s/DIV\times 2.4DIV}{10}=0.24\mu s$$

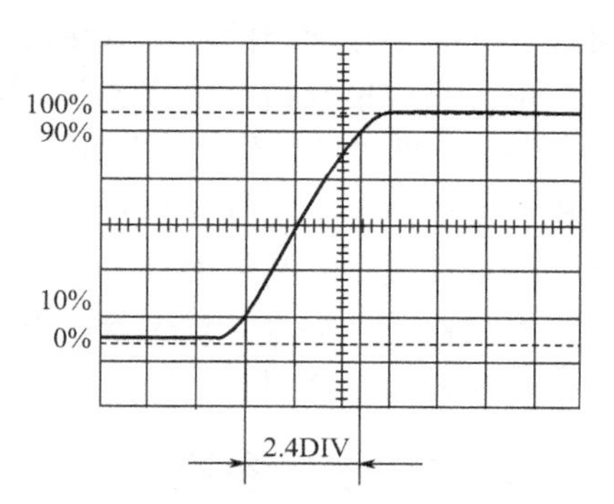

图2.2.8　上升时间测量

④ 时间差的测量　对两个相关信号的时间差测量，可按下列步骤进行。

a. 将参考信号和一个待比较信号分别输入CH1和CH2通道。

b. 根据信号频率，将垂直方式置于“交替”或“断续”。

c. 设置触发源为参考信号通道。

d. 调整电压衰减器和微调控制器，使显示合适的幅度。

e. 调整电平使波形稳定显示。

f. 调整TIME/DIV，使两个波形的测量点之间有一个能方便观察的水平距离。

e. 调整垂直移位，使两个波形的测量点位于屏幕中央的水平刻度线上。

$$时间差=\frac{水平距离(格)\times扫描时间系数(时间/格)}{水平扩展倍数}$$

⑤ 相位差的测量　相位差的测量可参考时间差的测量方法，步骤如下。

a. 按以上时间差测量方法的步骤a～步骤d设置有关控制元件。

b. 调整垂直衰减开关和微调控制器，使两个波形的显示幅度一致。

c. 调整水平扫描速度开关和微调，使波形的一个周期的屏幕上显示9格，这样水平刻度线上1DIV=40°(360÷9)。

d. 测量两个波形相对位置上的水平距离（格）。

e. 按下列公式计算出两个信号的相位差

$$相位差=水平距离(格)\times 40^\circ/格$$

（4）电视场信号测量

本示波器具有显示电视场信号的功能，操作方法如下。

① 将垂直方式置于CH1或CH2，将电视信号输送至被选中的通道。

② 将触发方式置于“TV”，并将扫速开关置于2ms/DIV。

③ 观察屏幕上显示是否是负极性同步脉冲的信号，如果不是，可将信号改送至CH2通道，并将CH2反相开关㉟按下，使正极性同步脉冲的电视信号倒相为负极性同步脉冲的电视信号。

④ 调整电压衰减器和微调控制器，显示合适的幅度。

⑤ 如需细致观察电视场信号，则可将水平扩展×10。

2.3 交流毫伏表

2.3.1 概述

CA2172A 毫伏表是采用编码开关，各挡位有发光二极管指示，具有同步/异步、浮置/接地、开关锁存功能的双通道交流电压表，它是立体声测量的必备仪器。它采用两个通道输入，由一只同轴双指针电表指示，可以分别指示各通道的指示值，也可指示出两通道的差值，“同步-异步”操作对立体声音响设备的电性能测试及对比最为方便，广泛用于立体声收录机、立体声电唱机等立体声音响测试，而且它具有独立的编码开关，可作为两台灵敏度高、稳定性可靠的晶体管毫伏表。

本仪器为手提直立式仪器，美观、牢固且耐腐蚀，广泛应用于工厂、学校、科研单位，在生产和科研中使用。

2.3.2 技术参数

技术参数见表 2.3.1。

表 2.3.1 CA2172A 毫伏表的技术参数

<table>
<tr><td>测量范围</td><td colspan="2">电压测量：30μV～300V，仪器共分 13 个量程，电平测量：－70～＋50dB (0dBV＝1V；0dBV＝0.775V)</td></tr>
<tr><td>测量电压的频率范围</td><td colspan="2">10Hz～2MHz</td></tr>
<tr><td>输入输出形式</td><td colspan="2">接地/浮置</td></tr>
<tr><td>基准条件下的电压误差</td><td colspan="2">±3%(1kHz)</td></tr>
<tr><td rowspan="3">基准条件下的频响误差(以 1kHz 为基准)</td><td>频率</td><td>误差</td></tr>
<tr><td>20Hz～100kHz</td><td>±3%</td></tr>
<tr><td>10Hz～2MHz</td><td>±8%</td></tr>
<tr><td rowspan="3">在环境温度 0～＋40℃，湿度≤80%，电源电压 220V±10%，电源频率为 50Hz±4% 时的工作误差</td><td>频率</td><td>误差</td></tr>
<tr><td>20Hz～100kHz</td><td>±8%</td></tr>
<tr><td>10Hz～2MHz</td><td>±10%</td></tr>
<tr><td>输入阻抗</td><td colspan="2">输入电阻＞2MΩ
输入电容＜20pF</td></tr>
<tr><td>噪声电压</td><td colspan="2">小于满刻度的 3%</td></tr>
<tr><td>两通道隔离度</td><td colspan="2">≥110dB(10Hz～100kHz)</td></tr>
<tr><td rowspan="2">监视放大器</td><td>输出电压</td><td>频响误差</td></tr>
<tr><td>0.1Vrms±5%</td><td>10Hz～2MHz±3dB(以 1kHz 为基准)</td></tr>
<tr><td rowspan="2">过载电压</td><td colspan="2">300μV～1V 各量程交流过载峰值电压为 100V，3～300V 各量程交流过载峰值电压为 450V</td></tr>
<tr><td colspan="2">最大的直流电压和交流电压叠加总峰值 450V</td></tr>
<tr><td>电源</td><td colspan="2">220V±10%，50Hz±4%，消耗功率：约 6.5W</td></tr>
<tr><td>外形尺寸</td><td colspan="2">125×185×270(mm)，净重：2kg</td></tr>
</table>

2.3.3 功能说明

① 表头：指示电压值或 dB 值。

② 电源开关：按入接通电源，指示灯亮，弹出断开电源。

③ 机械校零：开机前分别调节电表的两个指针（红色或黑色）到机械零位。

④ 编码开关：根据编码开关的标称值，读出表针指示值。

⑤ 量程指示。

⑥ 同步异步指示。

⑦ 同步异步选择按键。

⑧ 被测信号输入端。

⑨ 电源指示灯。

⑩ 放大器电压输出：满刻度时输出 0.1Vrms。

⑪ 电源熔丝：0.5A。

⑫ 电源线。

⑬ 接地方式选择开关。

⑭ 关机锁存/不锁存选择开关。

2.3.4　使用说明

① 使用前，先调整电表指针的机械零点，并将仪器放于水平位置。

② 接通电源，按下电源开关，各挡位发光二极管由左至右依次轮流检测，检测完毕后停止于 300V 挡指示，并自动将量程置于 300V 挡。

③ 测量 30V 以上的电压时，注意安全。

④ 所测交流电压中的直流分量不得大于 100V。

⑤ 接通电源及输入量程转换时，由于电容的放电过程，指针有所晃动，需待指针稳定后读取读数。

⑥ 同步/异步方式。当按动面板上的同步/异步选择按键时，可选择同步/异步方式。"SYNC" 灯亮为同步方式。"ASYN" 灯亮为异步方式。异步时，CH1 和 CH2 通道相互独立控制工作；同步时，CH1 和 CH2 的量程由任一通道控制开关控制，使两通道具有相同的测量量程。

⑦ 浮置/接地功能。

a. 当将开关置于浮置时，输入信号地与外壳处于高阻状态，当将开关置于接地时，输入信号地与外壳接通。

b. 在音频信号传输中，有时需要平衡传输，此时测量其电平时，不能采用接地方式，需要浮置测量。

c. 在测量 BTL 放大器时，输入两端任一端都不能接地，否则将会引起测量不准甚至烧坏功放，此时宜采用浮置方式测量。

d. 某些需要防止地线干扰的放大器或带有直流电压输出的端子及元器件二端电压的在线测试等均可采用浮置方式测量。

⑧ 放大器的使用。一个通道都是高灵敏的放大器，在后面板上有其输出端，在任何量程电表指示在"1.0"时，输出电压为 0.1Vrms。

⑨ 关机锁存功能。

a. 当将后面板上的关机锁存/不锁存选择开关拨向 LOCK 时，在选择好测量状态后再关机，则当重新开机时，仪器会自动初始化成关机前所选择的测量状态。

b. 当将后面板上的关机锁存/不锁存选择开关拨向 UNLOCK 时，则每次开机时仪器将自动选择量程 300V 挡，ASYN（异步）状态。

2.4 函数信号发生器

2.4.1 概述

本仪器是一种精密的测试仪器，因其具有连续信号、扫频信号、函数信号、脉冲信号等多种输出信号和外部扫频功能，是工程师、电子实验室、生产线及教学、科研必需的设备。

本仪器采用大规模单片集成精密函数发生器电路，使得该机具有很高的可靠性及优良的性能/价格比。采用单片机电路进行整周期频率测量和智能化管理，对于输出信号的频率幅度（数显）用户可以直观、准确地了解（特别是低频时），因此极大地方便了用户。该机采用了精密电流源电路，使输出信号在整个频带内均具有相当高的精度，同时多种电流源的变换使用，使仪器不仅具有正弦波、三角波，同时对各种波形均可以实现扫描功能。整机采用大规模集成电路设计，以保证仪器高可靠性，平均无故障时间高达数千小时以上。整机造型美观大方，电子控制按钮操作起来更舒适、更方便。

2.4.2 技术参数

技术参数见表 2.4.1。

表 2.4.1 函数信号发生器的技术参数

项　目	技术指标		
输出波形	对称或非对称的正弦波、方波、三角波		
扫频方式	对数扫频、线性扫频、外部扫频		
时基标称频率	12MHz		
外测频范围	0.2Hz～20MHz		
输出信号类型	单频、调频		
直流偏置	范围：－5～＋5V		
占空比	20%～80%(1kHz 方波)		
功率输出			
输出电压	50Vp-p －3dB(50Ω)		
输出电流	1Ap-p(50Ω)		
输出频率	方波	正弦波	三角波
	0.2Hz～30kHz	0.2Hz～100kHz	
输出频率(预热 5min)，稳定度±0.5%			
CA1640-02 CA1640P-02	0.2Hz～2MHz 按十进制分 7 挡		
CA1640-20 CA1640P-20	0.2Hz～20MHz 按十进制分 8 挡		
输出阻抗			
函数输出	50Ω		
TTL 同步输出	600Ω		

续表

项　　目	技术指标
输出幅度	
函数输出	0dB 1～10Vp-p　±10%(50Ω)
	20dB 0.1～1Vp-p　±10%(50Ω)
	40dB 10～100mVp-p　±10%(50Ω)
	60dB 1～10mVp-p　±10%(50Ω)
TTL 输出	“0”电平≤0.8V
	“1”电平≥3V
输出波形	
正弦波	失真<2%(输出幅度的 10%～90%)
三角波	线度>99%
方波上升时间	CA1640-02,CA1640P-02≤100ns(1MHz)
	CA1640-20,CA1640P-20≤30ns(1MHz)
方波上冲、下塌	≤5%(10kHz,5Vp-p 预热 10min)
电源电压	～220V
电源频率	50Hz
整机功耗	30W
外形尺寸	*L*×*B*×*H*:265mm×215mm×90mm
重量	2kg
工作环境组别	Ⅱ组(0～+40℃)

2.4.3 功能说明

信号发生器的前面板见图 2.4.1，功能说明见表 2.4.2。

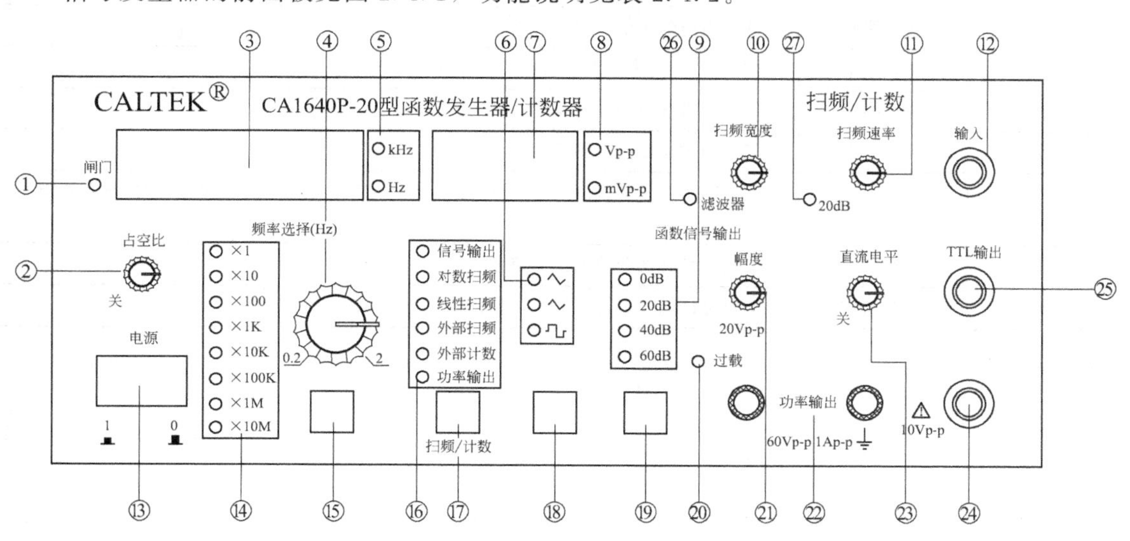

图 2.4.1　前面板示意图

①—闸门；②—占空比；③—频率显示；④—频率细调；⑤—频率单位；⑥—波形指示；⑦—幅度显示；⑧—幅度单位；⑨—衰减指示；⑩—扫频宽度；⑪—扫频速率；⑫—信号输入；⑬—电源开关；⑭—频段指示；⑮—频段选择；⑯—功能指示；⑰—功能选择；⑱—波形选择；⑲—衰减控制；⑳—过载指示；㉑—幅度细调；㉒—功率输出；㉓—直流电平；㉔—信号输出；㉕—TTL 输出；㉖,㉗—指示灯

表 2.4.2　信号发生器的功能说明

序　号	功　能	用　　途
①	闸门	该灯每闪烁一次表示完成一次测量
②	占空比	改变输出信号的对称性，处于关位置时输出对称信号
③	频率显示	显示输出信号的频率或外测频信号的频率
④	频率细调	在当前频段内连续改变输出信号的频率
⑤	频率单位	指示当前显示频率的单位
⑥	波形指示	指示当前输出信号的波形状态
⑦	幅度显示	显示当前输出信号的幅度
⑧	幅度单位	指示当前输出信号幅度的单位
⑨	衰减指示	指示当前输出信号幅度的挡级
⑩	扫频宽度	调节内部扫频的时间长短，在外测频时，逆时针旋到底（指示灯㉖亮）则外输入测量信号经过滤波器（截止频率为 100kHz 左右）进入测量系统
⑪	扫频速率	调节被扫频信号的频率范围，在外测频时，当电位器逆时针旋到底（指示灯㉗亮），则外输入信号经过 20dB 衰减进入测量系统
⑫	信号输入	当第⑰项功能选择为“外部扫频”或“外部计数”时，外部扫频信号或外测频信号由此输入
⑬	电源开关	按入接通电源，弹出断开电源
⑭	频段指示	指示当前输出信号频率的挡级
⑮	频段选择	选择当前输出信号频率的挡级
⑯	功能指示	指示本仪器当前的功能状态
⑰	功能选择	选择仪器的各种功能
⑱	波形选择	选择当前输出信号的波形
⑲	衰减控制	选择当前输出信号幅度的挡级
⑳	过载指示	指示灯亮时，表示功率输出负载过重
㉑	幅度细调	在当前幅度挡级连续调节，范围为 20dB
㉒	功率输出	信号经过功率放大器输出
㉓	直流电平	预置输出信号的直流电平，范围为 $-5\sim+5V$，当电位器处于关位置时，则直流电平为 0V
㉔	信号输出	输出多种波形受控的函数信号
㉕	TTL 输出	输出标准的 TTL 脉冲信号，输出阻抗为 600Ω

第3章　电工基础实验

3.1　元件伏安特性的测量

3.1.1　实验目的

① 学习测量线性电阻和非线性电阻元件伏安特性的方法。
② 学习直流电压表、直流电流表和直流稳压电源的使用方法。
③ 掌握直流电压、直流电流的测量方法。

3.1.2　预习要求

① 复习有关线性电阻元件和非线性电阻元件伏安特性部分的内容。
② 预习电阻元件的伏安测量法。
③ 预习直流电压表、直流电流表的使用方法。

3.1.3　实验器材

① 可调直流稳压电源：1台。
② 数字万用表：1块。
③ 实验线路板或实验箱：1个。
④ 电阻200Ω：1个。
⑤ 电阻100Ω：1个。
⑥ 稳压二极管：1个。
⑦ 直流电流表：1块。
⑧ 直流电压表：1块。

3.1.4 实验原理

（1）伏安特性及伏安测量法　任何一个二端元件的特性都可以用该元件上的端电压U和通过该元件的电流I之间的函数关系$U=f(I)$来表示，即用U-I平面上的一条曲线来表征，称为该元件的伏安特性曲线。

独立电源和电阻元件的伏安特性可以用电压表、电流表测定，称为伏安测量法。伏安测量法原理简单，测量方便，同时适用于非线性元件伏安特性的测定。

（2）电阻元件的伏安特性

① 线性电阻元件的特性可以用该元件两端的电压U与流过元件的电流I的关系式表示，即满足于欧姆定律：$R=U/I$，R为常量。在U-I坐标平面上，线性电阻的伏安特性曲线是一条通过坐标原点的直线，具有双向性，如图3.1.1(a)所示。

② 非线性电阻元件的电压、电流关系，不遵循欧姆定律，其伏安特性一般为一曲线。稳压二极管是一个非线性电阻元件，其正向特性与普通二极管类似，硅管的正向导通压降为0.5～0.7V，锗管为0.2～0.3V。稳压二极管加反向电压，开始时反向电流几乎为零，当反向电压增大到其稳压值时，反向电流急剧增大，但稳压二极管的端电压却维持恒定。图3.1.1(b)给出的是一般稳压二极管的伏安特性曲线。

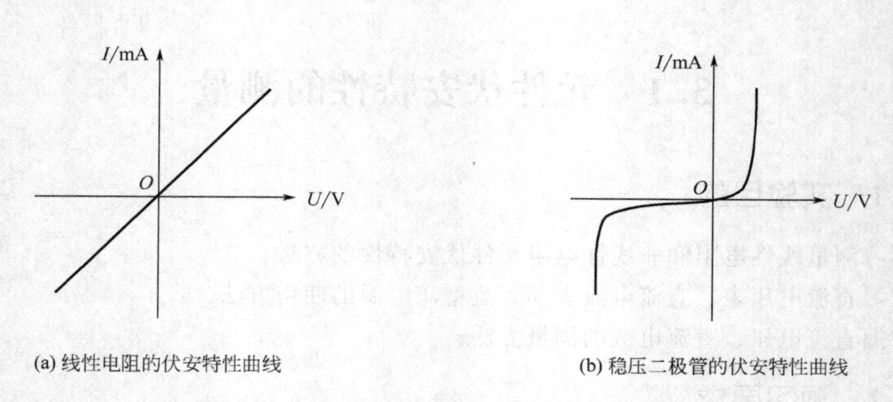

(a) 线性电阻的伏安特性曲线　　(b) 稳压二极管的伏安特性曲线

图3.1.1　线性电阻和稳压二极管的伏安特性曲线

3.1.5 实验内容及步骤

（1）测量线性电阻元件的伏安特性　按图3.1.2接线。改变直流稳压电源的电压U_S，测量R_2相应的电流值和电压值，记入表3.1.1中。

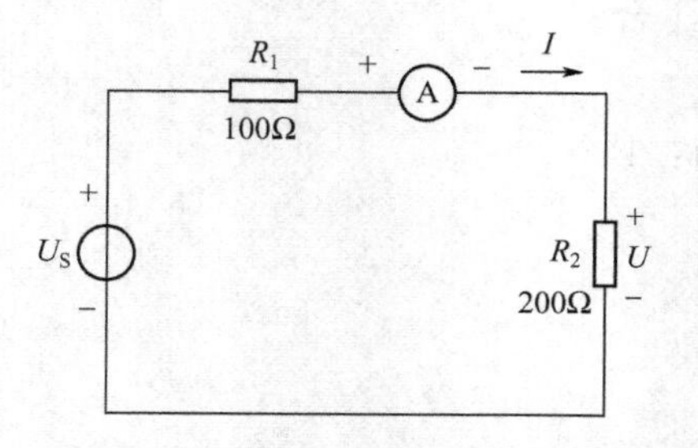

图3.1.2　测量线性电阻伏安特性实验电路图

表 3.1.1　线性电阻的伏安特性实验数据

U/V	0	2	4	6	8	10
I/mA						

（2）测量稳压二极管的伏安特性

① 正向特性实验　稳压二极管的正向伏安特性测量按图 3.1.3 接线，限流电阻 R 取 200Ω。

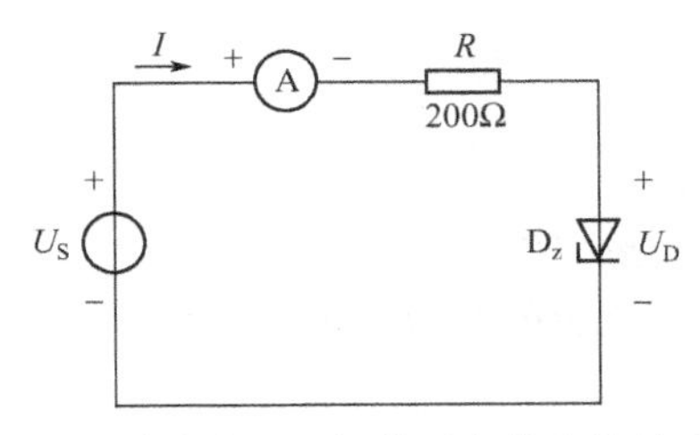

图 3.1.3　测量稳压二极管正向伏安特性电路图

实验中注意二极管正向导通管压降在 0～0.75V 之间，其电流不超过 20mA。在稳压二极管正向电压 0.5～0.75V 之间多取几个测试点，测量相应的电流值和电压值，记入表 3.1.2 中。

表 3.1.2　稳压二极管正向伏安特性实验数据

U_D/V	0					0.75
I/mA						

② 反向特性实验　将图 3.1.3 中的稳压二极管反接，稳压电源的输出电压从 0 调到 12V，测量相应的电流值和电压值，记入表 3.1.3 中。

表 3.1.3　稳压二极管反向伏安特性实验数据

U_S/V	0					12
U_D/V						
I/mA						

3.1.6　实验注意事项

① 电流表应串接在被测支路中，电压表应并接在被测电压两端。

② 注意直流电压表和直流电流表的正负极性，不得接反。

③ 直流稳压电源的输出端不准短路，以免烧毁电源。

④ 实验时要根据被测电压、电流的数值，合理选择仪表量程，如果不能判断电压、电流的大小，则先将仪表量程置于较大挡。

3.1.7　思考题

① 比较线性电阻元件和非线性电阻元件的伏安特性曲线有何区别。

② 根据实验数据分析出欧姆定律的适用条件。

③ 设某元件的函数式为 $I=f(U)$，则在绘制其伏安特性曲线时，通常如何放置坐标变量？

3.1.8 实验报告要求

① 根据实验数据，逐点按比例绘制出线性电阻和稳压二极管的伏安特性曲线。
② 结合绘制出的伏安特性曲线，得出本次实验的结论。

3.2 电源外特性测量及电源等效变换

3.2.1 实验目的

① 学习测量电源外特性的方法。
② 掌握直流电压、电流的测量方法。
③ 掌握实际电压源与实际电流源的等效变换的方法。

3.2.2 预习要求

① 复习有关理想电压源和实际电压源部分的内容。
② 复习有关实际电压源和实际电流源等效变换部分的内容。
③ 预习电源元件的伏安测量法。
④ 预习实际电压源和实际电流源等效变换的条件及方法。

3.2.3 实验器材

① 双路可调直流稳压电源：1 台。
② 数字万用表：1 块。
③ 实验线路板或实验箱：1 个。
④ 十进制电阻箱：1 个。
⑤ 电阻 100Ω：1 个。
⑥ 直流电流表：1 块。
⑦ 直流电压表：1 块。

3.2.4 实验原理

(1) 电压源的伏安特性　电压源分为理想电压源和实际电压源两种。

理想电压源的内阻为零，其端电压 $u_S(t)$ 是确定的时间函数，与流过电压源的电流大小无关。直流理想电压源的端电压是一个常数，其伏安特性曲线如图 3.2.1 中曲线 a 所示。

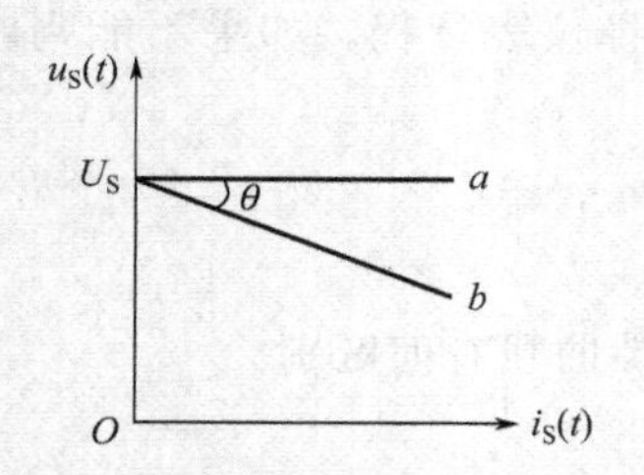

图 3.2.1　直流电压源伏安特性曲线

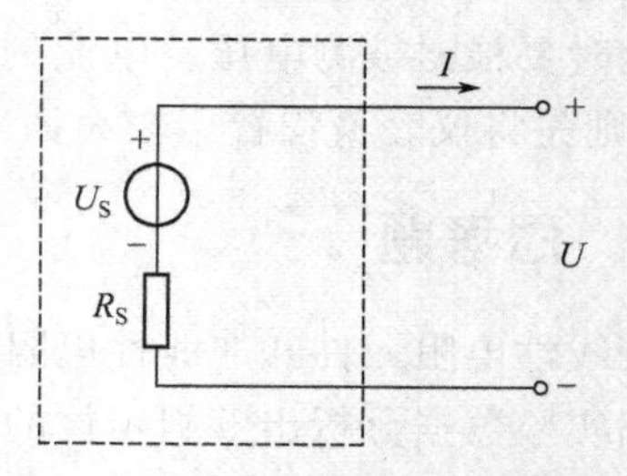

图 3.2.2　直流电压源电路模型

实际电压源用一个理想电压源 U_S 和电阻 R_S 相串联的电路模型来表示，如图 3.2.2 所示。因为其有内阻，输出端电压随着电流的增大而减小，其伏安特性曲线如图 3.2.1 中曲线 b 所示。θ 角的正切的绝对值即为实际电压源的内阻 R_S。显然角 θ 越小，R_S 也就越小，实际电压源就越接近于理想电压源。

（2）理想电流源和实际电流源　理想电流源的输出电流 $i_S(t)$ 是确定的时间函数，与电流源的端电压大小无关。理想的直流电流源是一个常数，即理想电流源的内阻无穷大，其伏安特性曲线如图 3.2.3 中曲线 a 所示。

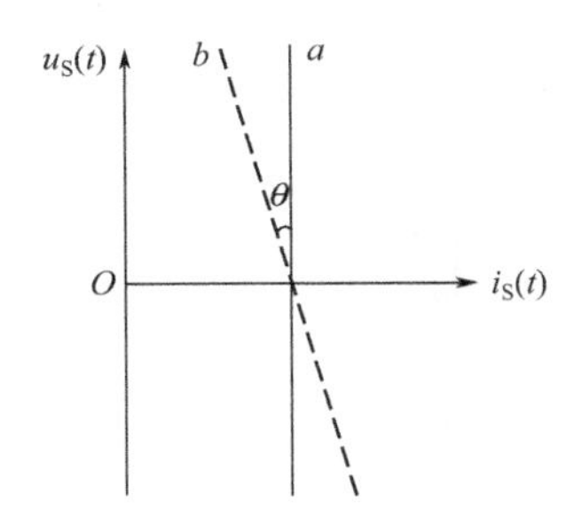

图 3.2.3　直流电流源伏安特性曲线图

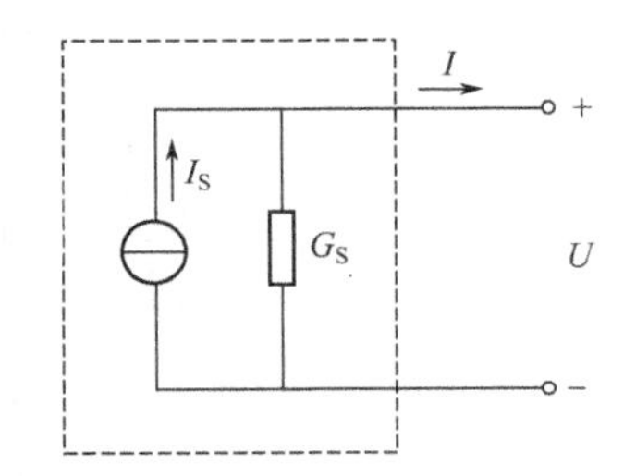

图 3.2.4　直流电流源电路模型

实际电流源存在内阻，其输出电流不再恒定，电流的大小与外电路有关。在线性区它可以用一个理想电流源 I_S 和电导 G_S 相并联的电路模型来表示，如图 3.2.4 所示。

实际电流源的伏安特性曲线如图 3.2.3 中曲线 b 所示，角 θ 正切的绝对值代表实际电流源的电导值 G_S。显然图 3.2.3 中角 θ 越小，G_S 也就越小，实际电流源就越接近于理想电流源。

（3）实际电源的等效变换　实际电压源和实际电流源之间可以等效变换，即两个实际电源具有相同的外特性，其等效变换的条件是：

$$U_S = R_S I_S \text{或} I_S = U_S / R_S \tag{3.2.1}$$

由以上转换条件可知，理想电压源和理想电流源之间不存在转换条件，因此二者是不能等效变换的。

3.2.5　实验内容及步骤

（1）测定实际电压源的伏安特性　按图 3.2.5 所示接线。实验中实际电压源用一台直流稳压电源 U_S 串联电阻 R_S 来模拟。调节直流稳压电源使其输出电压 $U_S = 10\text{V}$，再将可调电阻 R_L 置于最大值。改变 R_L 数值，读取相应的电压值和电流值记入表 3.2.1 中。

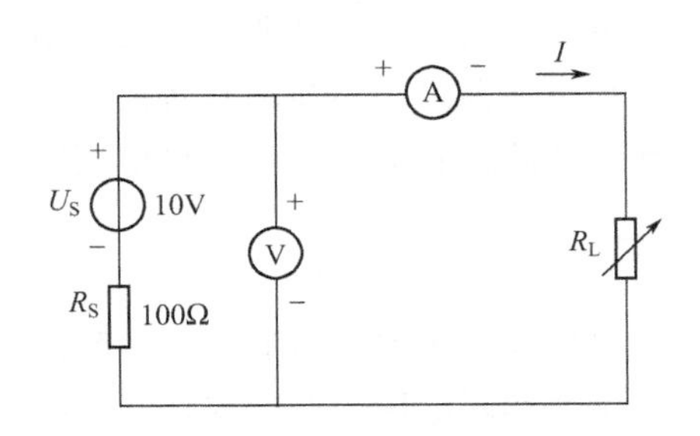

图 3.2.5　测量实际电压源伏安特性电路

表 3.2.1　实际电压源伏安特性实验数据

R_L/Ω	100	200	300	400	500	1000	∞
U/V							
I/mA							

（2）实际电流源的伏安特性和实际电源等效变换

① 按图 3.2.6 所示接线，直流电流源电流 I_S 先取 50mA。

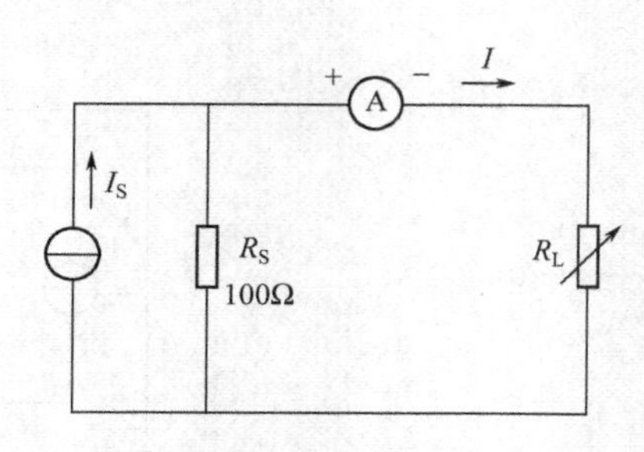

图 3.2.6　实际电流源电路

② 在实际电流源空载情况下（$R_L \to \infty$），调节电流源电流 I_S，使其输出端电压等于实际电压源的输出电压 U_S。

③ 改变 R_L 数值，测量相应的电压值与电流值，记录于表 3.2.2 中。

表 3.2.2　实际电流源伏安特性及电源等效变换实验数据

R_L/Ω	100	200	300	400	500	1000	∞
U/V							
I/mA							

3.2.6　实验注意事项

① 不准带电操作，接线、拆线和改接电路时要关闭电源。

② 注意直流电压表和直流电流表的正负极性，不得接反。

③ 直流稳压电源的输出端不准短路，以免烧毁电源。

④ 实验时要根据被测电压、电流的数值，合理选择仪表量程。

3.2.7　思考题

① 比较理想电压源和实际电压源的伏安特性曲线，能得出什么结论？

② 为什么理想电压源和理想电流源之间不能相互转换？

③ 为什么直流电流源不允许开路？直流电压源不允许短路？

3.2.8　实验报告要求

① 根据实验数据，逐点按比例绘制出实际电流源和实际电压源的伏安特性曲线。

② 为便于比较，实际电流源和实际电压源的伏安特性曲线画在同一坐标上。

③ 结合绘制出的伏安特性曲线，得出本次实验的结论。

3.3　基尔霍夫定律和叠加定理实验

3.3.1　实验目的

① 验证基尔霍夫定律和叠加定理。
② 掌握基尔霍夫定律和叠加定理的测定方法。
③ 加深对基尔霍夫定律和叠加定理适用范围的理解。
④ 加深对电流和电压参考方向的理解。

3.3.2　预习要求

① 复习有关基尔霍夫定律和叠加定理的内容。
② 复习有关基尔霍夫定律和叠加定理适用范围的内容。
③ 预习电压参考方向与电压实际方向的关系。
④ 预习电流参考方向与电流实际方向的关系。
⑤ 预习基尔霍夫定律和叠加定理的验证方法。

3.3.3　实验器材

① 双路可调直流稳压电源：1台。
② 实验线路板或实验箱：1个。
③ 数字万用表：1块。
④ 直流电流表：1块。
⑤ 电阻200Ω：1个。
⑥ 电阻300Ω：1个。
⑦ 电阻510Ω：1个。
⑧ 电流测试线：1条。

3.3.4　实验原理

（1）基尔霍夫定律　基尔霍夫定律是集总电路的基本定律，它包括电流定律和电压定律，分别对相互连接的支路电流之间和支路电压之间予以线性约束。

① 基尔霍夫电流定律（简称KCL）　在集总电路中，任何时刻，对于任一节点，流入（或流出）该节点的所有支路电流的代数和恒等于零。即

$$\sum i=0 \quad 或 \quad \sum i_{入}=\sum i_{出}$$

列写任一节点电流的代数和时，根据电流的参考方向，若流出节点的电流取“+”号，则流入该节点的电流取“−”号。

② 基尔霍夫电压定律（简称KVL）　在集总电路中，任何时刻，沿任一回路所有支路或元件电压的代数和恒等于零。即

$$\sum u=0$$

列写任一回路电压代数和时，指定该回路的绕行方向，凡是支路电压的参考方向与回路的绕行方向一致的，该电压取“+”号；凡是支路电压的参考方向与回路的绕行方向相反

的，该电压取“−”号。

各支路电压与相应的支路电流取关联参考方向。

③ 基尔霍夫定律适用条件　基尔霍夫定律仅与元件的相互连接有关，而与元件的性质无关。无论元件是线性的还是非线性的，时变的还是非时变的，基尔霍夫定律都成立。

（2）叠加定理　叠加定理可表述为：在任意线性电路中，由几个独立电源共同作用所产生的各支路电流或支路电压，等于各个独立电源单独作用时在各个相应支路产生的电流或电压的代数和。

叠加定理是线性电路的一个重要定理。运用叠加定理计算和分析电路时，可以将电源分成几部分，分别对各部分进行计算然后再叠加，有时可以简化计算。

如图 3.3.1(a) 所示，电路有两个独立电源，在 R_1 上产生的电压为 u_1。电压源单独作用时（电流源不作用，视为开路），在 R_1 上产生的电压为 u'_1，如图 3.3.1(b) 所示。电流源单独作用时（电压源不作用，视为短路），在 R_1 上产生的电压为 u''_1，如图 3.3.1(c) 所示。则有

$$u_1 = u'_1 + u''_1$$

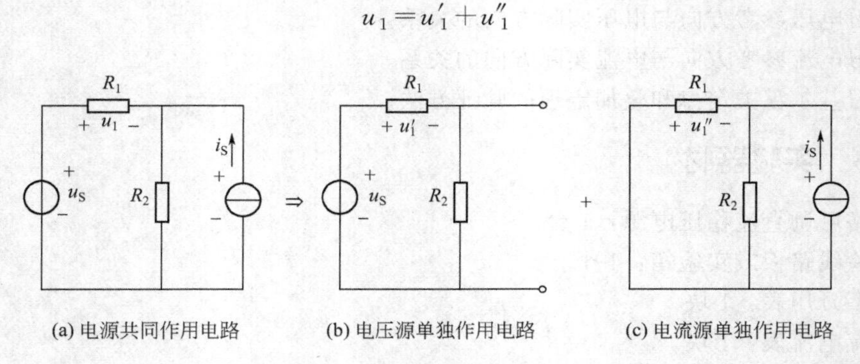

图 3.3.1　叠加定理示意图

叠加定理仅适用于线性电路，不适用于非线性电路。电压、电流都可以叠加，但功率是电压和电流的乘积，故功率不能叠加。

3.3.5　实验内容及步骤

（1）验证基尔霍夫定律

① 按图 3.3.2 所示接线，其中 K_1、K_2 是双刀双掷开关。先将 K_1、K_2 投向短路线一侧，调节双路直流稳压电源，使 $U_{S1}=10V$，$U_{S2}=5V$。

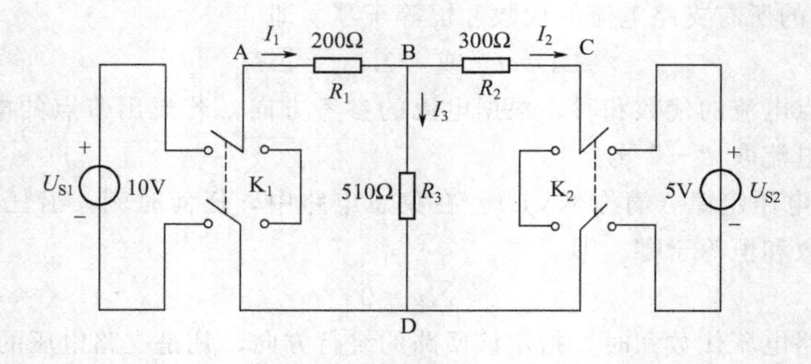

图 3.3.2　基尔霍夫定律和叠加定理实验电路图

② 再把 K_1、K_2 投向各自电源一侧。按图 3.3.2 所示电压、电流参考方向测量各支路电流、支路电压，将测量数据记录于表 3.3.1 中。

表 3.3.1　基尔霍夫定律实验数据

I_1/mA	I_2/mA	I_3/mA	U_{AB}/V	U_{BC}/V	U_{CD}/V	U_{DA}/V	U_{BD}/V

（2）验证叠加定理

① 实验电路如图 3.3.2 所示。

② 电压源 U_{S1} 单独作用，（K_1 投向电源 U_{S1} 一侧，K_2 投向短路线一侧），按图 3.3.2 所示电压、电流的参考方向，测量此时各支路电流、支路电压，将测量数据记录于表 3.3.2 中。

③ 电压源 U_{S2} 单独作用（K_1 投向短路线一侧，K_2 投向电源 U_{S2} 一侧），测量此时各支路电流、支路电压，将测量数据记录于表 3.3.2 中。

④ 电压源 U_{S1} 和 U_{S2} 共同作用（K_1、K_2 分别投向电源 U_{S1} 和 U_{S2} 侧），重复上述测量和记录。

表 3.3.2　叠加定理实验数据

测量项目 / 实验内容	I_1/mA	I_2/mA	I_3/mA	U_{AB}/V	U_{BC}/V	U_{CD}/V	U_{DA}/V	U_{BD}/V
U_{S1} 单独作用								
U_{S2} 单独作用								
U_{S1}、U_{S2} 共同作用								
计算验证叠加定理								
误差								

3.3.6　实验注意事项

① 测量直流电压时，直流电压表正负极性要与电路图中标明的支路电压的参考方向一致。

② 测量直流电流时，直流电流表正负极性要与电路图中标明的支路电流的参考方向一致。

③ 直流稳压电源的输出端不准短路，以免烧毁电源。

④ 实验时要根据被测电压、电流的数值，合理选择仪表量程。

⑤ 注意测得数据的“+”“−”号，如实记录实验数据的大小及正负。

3.3.7　思考题

① 测量时会出现电压或电流为负值的情况，请问负号的意义是什么？

② 实验中，若将按图 3.3.2 所示电路中的某一个电阻换成稳压二极管，试问基尔霍夫定律定理还成立吗？叠加定理还成立吗？为什么？

3.3.8　实验报告要求

① 根据表 3.3.1 中实验数据，选定图 3.3.2 所示电路中的节点 A，验证 KCL 的正

确性。

② 根据表 3.3.1 中实验数据，分别选定图 3.3.2 所示电路中的三个回路 ABDA、BCDB、ABCDA，验证 KVL 的正确性。

③ 完成表 3.3.2 中的计算。

④ 根据表 3.3.2 中的实验数据分别计算电源共同作用、U_{S1} 单独作用及 U_{S2} 单独作用时，电阻 R_1 上的功率，由此说明功率的计算是否适用于叠加定理？

⑤ 分析实验数据，得出本次实验的结论。

3.4 戴维宁定理实验

3.4.1 实验目的

① 通过实验验证戴维宁定理的正确性。

② 学习线性有源二端网络等效参数的测量方法。

3.4.2 预习要求

① 复习有关戴维宁定理和诺顿定理的内容。

② 复习有关线性有源二端网络等效参数及意义的内容。

③ 预习测量等效电阻的各种方法及特点。

④ 预习将线性有源二端网络等效为戴维宁电路的方法。

⑤ 计算出图 3.4.3 所示线性有源二端网络的开路电压 U_{oc} 和等效电阻 R_{eq}。

3.4.3 实验器材

① 双路可调直流稳压电源：1 台。

② 实验线路板或实验箱：1 个。

③ 数字万用表：1 块。

④ 直流电流表：1 块。

⑤ 电阻 200Ω：1 个。

⑥ 电阻 300Ω：1 个。

⑦ 电阻 510Ω：1 个。

⑧ 电阻箱：1 个。

⑨ 可调电阻：1 个。

⑩ 电流测试线：1 条。

3.4.4 实验原理

（1）戴维宁定理　任何一个线性有源二端网络，对外部电路而言，总可以用一个理想电压源和电阻相串联的有源支路来代替，如图 3.4.1 所示。该理想电压源的电压 U_S 等于原网络端口的开路电压 U_{oc}，该等效电阻等于原网络中所有独立电源置零（电压源视为短路，电流源视为开路）时的无源二端网络的输入电阻 R_{eq}。

线性有源二端网络是指该二端网络是线性的，包含独立电源或受控源，且与外部电路不

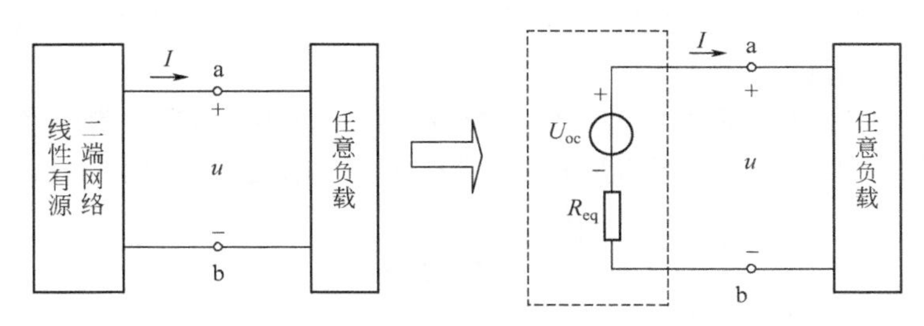

图 3.4.1　戴维宁定理示意图

允许存在任何耦合。外部电路可以是线性的、非线性的，也可以是时变元件，或者是由上述元件组成的网络。

（2）输入端等效电阻 R_{eq} 的测量方法　对于已知的线性有源二端网络，其输入端等效电阻 R_{eq} 可以从原网络计算得出，也可以通过实验手段测出。下面介绍几种常用的测量方法。

① 开路电压、短路电流法（方法一）　由戴维宁定理和诺顿定理可知

$$R_{eq}=\frac{U_{oc}}{I_{sc}} \tag{3.4.1}$$

可见，只要测出有源二端网络的开路电压 U_{oc} 和短路电流 I_{sc}，就可计算得出 R_{eq}。但是，如果二端网络的等效电阻很小，若将其输出端口直接短路，则有可能因短路电流过大而损坏网络内部的器件，因此该方法仅适用于二端网络等效电阻较大，并且短路电流不超过该二端网络元件额定电流的情况。

② 半电压测量法（方法二）　首先测出有源二端网络的开路电压 U_{oc}，然后在端口处接一个已知的负载电阻 R_L，测出负载电阻的端电压 U，因为 $U=\frac{U_{oc}}{R_{eq}+R_L}R_L$，故输入端等效电阻为

$$R_{eq}=\left(\frac{U_{oc}}{U}-1\right)R_L \tag{3.4.2}$$

可见，调节 R_L 值，当 $U=1/2U_{oc}$ 时，则 $R_{eq}=R_L$，此种方法称为半电压法。该方法适用于电压表内阻远大于二端网络等效电阻的情况，否则会有较大的测量误差。

③ 外加电源法（方法三）　令有源二端网络的所有独立电源置零，然后在端口处加一给定电压源 U'，测得流入端口的电流 I'，如图 3.4.2(a) 所示；也可以在端口处接入给定电流源 I'，测得端口电压 U'，如图 3.4.2(b) 所示，则

$$R_{eq}=\frac{U'}{I'} \tag{3.4.3}$$

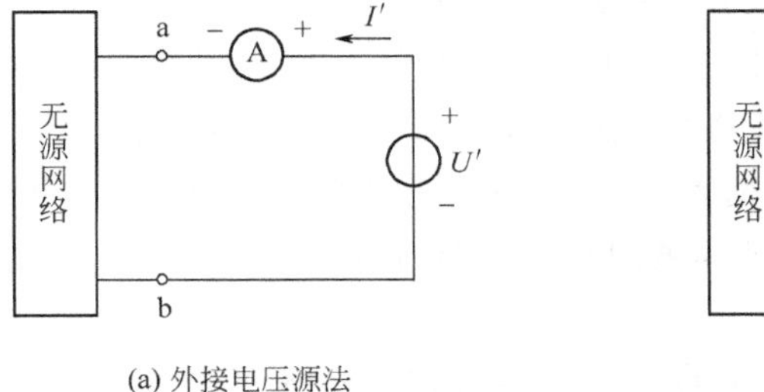

(a) 外接电压源法　　(b) 外接电流源法

图 3.4.2　外加电源法测量电路图

测量过程中，当电源置零时电源内阻也被去掉，所以该方法仅适用于电压源内阻较小和电流源内阻较大的情况。

④ 伏安法（方法四） 通过测量线性二端网络的外特性，即在被测网络端口接一个可变电阻 R_L，改变 R_L 值两次，分别测量 R_L 两端电压 U 和流过 R_L 的电流 I，则可列出方程组

$$\begin{cases} U_{oc} - R_{eq} I_1 = U_1 \\ U_{oc} - R_{eq} I_2 = U_2 \end{cases} \tag{3.4.4}$$

求解方程组（3.4.4）得到

$$\begin{cases} U_{oc} = \dfrac{U_1 I_2 - U_2 I_1}{I_2 - I_1} \\ R_{eq} = \dfrac{U_1 - U_2}{I_2 - I_1} \end{cases} \tag{3.4.5}$$

3.4.5 实验内容及步骤

（1）测定线性有源二端网络的外特性（即伏安特性）

① 按图 3.4.3 接线，负载 R_L 为电阻箱。开关 K 扳向右侧，与负载相连，接通电源。

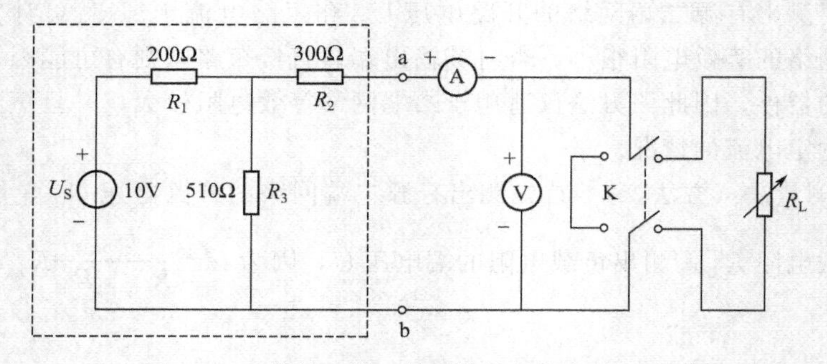

图 3.4.3 线性有源二端网络外特性实验电路图

② 按表 3.4.1 所列数据调节电阻箱得到相应的 R_L 值，测量对应的电流和电压值，数据记入表 3.4.1 中。

表 3.4.1 线性含源二端网络的外特性

R_L/Ω	0	100	200	300	400	500	700	800	∞
I/mA									
U/V									

（2）利用实验原理中介绍的四种方法测定等效电阻 R_{eq}

① 开路电压、短路电流法（方法一）。在表 3.4.1 中，$R_L=0$ 时对应的电流值即为 I_{sc}，$R_L=\infty$时对应的电压值即为 U_{oc}，将上述数值代入式(3.4.1) 得到 R_{eq}，记入表 3.4.2 中。

② 半电压测量法（方法二）。根据表 3.4.1 中 U_{oc} 的数值，调节可变电阻 R_L，使负载端电压为 U_{oc} 的一半时，此时的 R_L 值即为被测有源二端网络的等效电阻 R_{eq}，将 R_{eq} 值记入表 3.4.2 中。

③ 外加电源法（方法三）。本次实验采用的是外加电压源法，实验线路如图 3.4.4 所示，其中 $U'=10\text{V}$，测出电流 I'。利用式(3.4.3) 求出 R_{eq}，记入表 3.4.2 中。

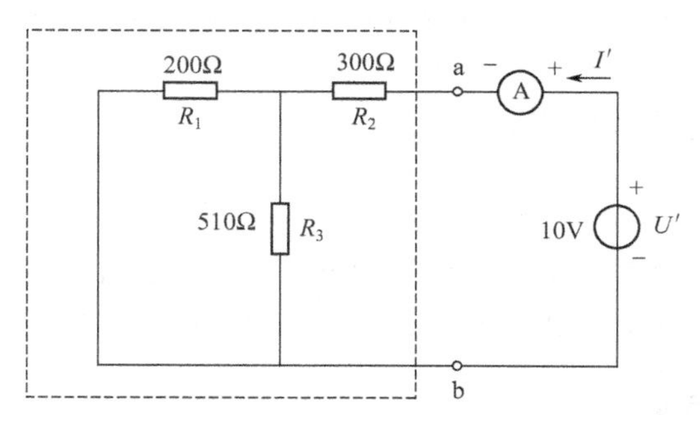

图 3.4.4　外加电压源法电路图

④ 伏安法（方法四）。在表 3.4.1 中选取任意两组 R_L（R_L 为 0 和∞除外）对应的电压 U 和电流 I 的值，代入式(3.4.5) 计算出 R_{eq}，记入表 3.4.2 中。

⑤ 计算四种方法测得的 R_{eq}平均值，记入表 3.4.2 中。

表 3.4.2　等效电阻测量法

项　　目	方法一	方法二	方法三	方法四	平均值
R_{eq}/Ω					
R_{eq}/Ω 的平均值					

（3）测定戴维宁等效电路的外特性

① 用测得的等效参数 U_{oc}、R_{eq}构成戴维宁等效电路，按图 3.4.5 所示接线。注意等效电路的电压源要用有源二端网络的开路电压 U_{oc}，而不是理想电压源 U_S。由电阻箱或者可调电阻器调出 R_{eq}平均值。

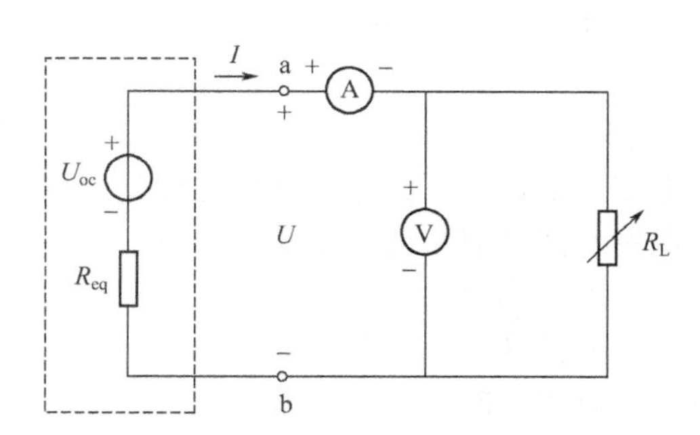

图 3.4.5　戴维宁等效电路外特性实验电路图

② 测量不同负载下的电流和电压，测量数据记入表 3.4.3 中。

表 3.4.3　戴维宁等效电路外特性

R_L/Ω	0	100	200	300	400	500	700	800	∞
I/mA									
U/V									

3.4.6　实验注意事项

① 测量时注意电压表、电流表极性及量程。

② 电压源置零时不可将直流稳压电源直接短路。应先拿掉电压源，原电压源所在的两端用一根导线短接。

③ 接线和改接电路时要先切断电源。

3.4.7 思考题

① 比较测量有源二端网络等效电阻的各种方法，说明各自的优缺点。

② 能否直接用万用表欧姆挡测量本实验中的等效电阻，如果可以说明测量条件是什么？

3.4.8 实验报告要求

① 根据实验内容 1 和 3 的测量结果，在同一坐标下做出有源二端网络和戴维宁等效电路的外特性曲线，并做分析比较，验证戴维宁定理。

② 比较 U_{oc}、R_{eq} 的计算值和实际测量值，分析误差产生的原因。

③ 归纳总结实验结论。

3.5 一阶电路过渡过程的研究

3.5.1 实验目的

① 研究一阶 RC 电路零输入、零状态及全响应的方波响应规律及特点。

② 学习用示波器观察和分析一阶电路的响应。

③ 学习用示波器测量一阶电路时间常数的方法。

④ 了解时间常数对一阶动态电路输出波形的影响。

⑤ 学习信号发生器、示波器、毫伏表的使用方法。

3.5.2 预习要求

① 复习有关一阶动态电路零输入、零状态及全响应部分的内容。

② 复习有关一阶动态电路时间常数与电路参数的关系。

③ 预习用示波器观察一阶电路响应的方法。

④ 预习积分电路和微分电路的区别。

⑤ 预习用示波器测量一阶电路时间常数的方法。

3.5.3 实验器材

① 实验线路板或实验箱：1 个。

② 函数发生器：1 台。

③ 双踪示波器：1 台。

④ 电阻 10kΩ：1 个。

⑤ 电容 0.01μF：1 个。

⑥ 电容 0.1μF：1 个。

3.5.4 实验原理

(1) 一阶电路及过渡过程　含有储能元件（电感、电容）的电路称为动态电路。当动态电路能用一阶线性常微分方程来描述时，则称该电路为一阶电路。对于仅含有一个电感，或仅含有一个电容的电路，当电路中的无源元件都是线性和时不变时，它一定是一阶电路。

对处于稳定状态的动态电路，当电路结构或元件参数发生变化（换路）时，电路就会从原来的稳定状态转变到另一种稳定状态，这种转变往往需要经历一个过程，在工程上就称为过渡过程或暂态过程。

研究过渡过程的实际意义，一是可以利用电路过渡过程产生特定波形的电信号，如锯齿波、三角波等，广泛应用于电子电路；二是过渡过程开始的瞬间可能产生过电压、过电流，易使电气元件或设备损坏，要有针对性地采取相应的措施，控制、预防因此带来的危害。

（2）一阶电路的响应

① 一阶零状态响应是指电路的初始状态为零，仅由电路中的输入激励引起的响应。当外加激励为阶跃信号时，零状态响应称为阶跃响应。

对于图 3.5.1 所示的一阶 RC 电路，当 $t=0$ 时，开关 K 由位置 2 扳向位置 1，直流电压源 U_S 通过电阻 R 向电容 C 充电。

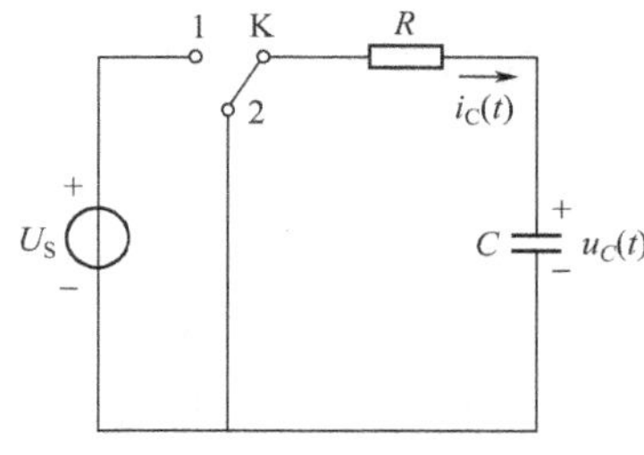

图 3.5.1 一阶 RC 电路

电容上的电压随时间变化的规律为

$$u_C(t)=U_S(1-e^{-\frac{t}{\tau}}) \tag{3.5.1}$$

式中，U_S 为外施直流电压激励；τ 为时间常数。可见电容上的电压按指数规律增加。

② 一阶零输入响应是指动态电路输入激励为零时，仅由电路中的初始储能引起的响应。

在图 3.5.1 所示电路中，开关 K 置于位置 1，$u_C(0_-)=U_0$时，再将开关由位置 1 转到位置 2，电容 C 通过电阻 R 放电。

设 $u_C(0_+)=U_0$，则电容上的电压方程为

$$u_C(t)=U_0e^{-\frac{t}{\tau}} \tag{3.5.2}$$

可见电容上的电压按指数规律衰减。

③ 一阶电路的全响应。电路在输入激励和初始状态共同作用下引起的响应称为全响应。全响应可视为零状态响应和零输入响应的叠加，是线性电路叠加性的体现。即

全响应＝零状态响应＋零输入响应

（3）时间常数 τ 及其测量

① 时间常数 τ 的物理意义。对于仅含电容的一阶响应，其时间常数 $\tau=RC$，具有时间的量纲，单位为秒（s）。它是反映电路过渡过程快慢程度的物理量。τ 越大，过渡过程时间越长；反之，τ 越小，过渡过程的时间越短。理论上认为，无限长时间后过渡过程方能结束，但电路工程上一般认为换路后，经过 $(3\sim5)\tau$，过渡过程即告结束。

当取 $t=\tau$ 时，对一阶 RC 零状态响应有

$$u_C(\tau)=U_S(1-e^{-1})=0.632U_S \tag{3.5.3}$$

由此可知，零状态响应时，时间常数 τ 等于电容电压上升到稳态值 U_S 的 63.2%时所对应的时间，如图 3.5.2(a) 所示。

对零输入响应有

$$u_C(\tau)=U_0e^{-1}=0.368U_0 \tag{3.5.4}$$

由此可知，零输入响应时，时间常数 τ 等于电容电压衰减到稳态值 U_0 的 36.8%时所对

应的时间，如图 3.5.2(b) 所示。

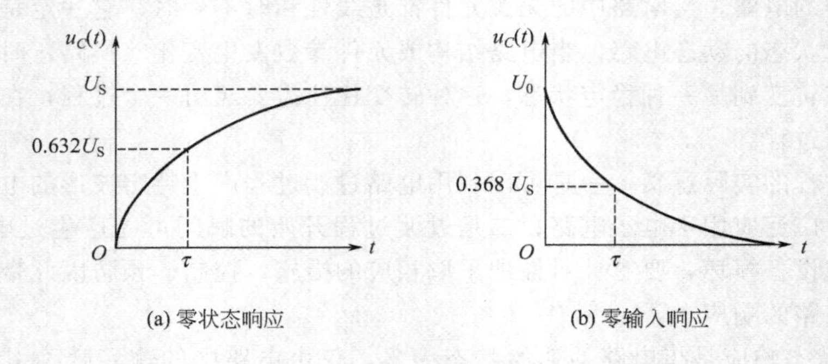

图 3.5.2 一阶 RC 电路的响应曲线

② 时间常数 τ 的测量。在示波器显示屏幕上调整好波形，可观察到图 3.5.3 所示的波形。设波形幅高为 A。

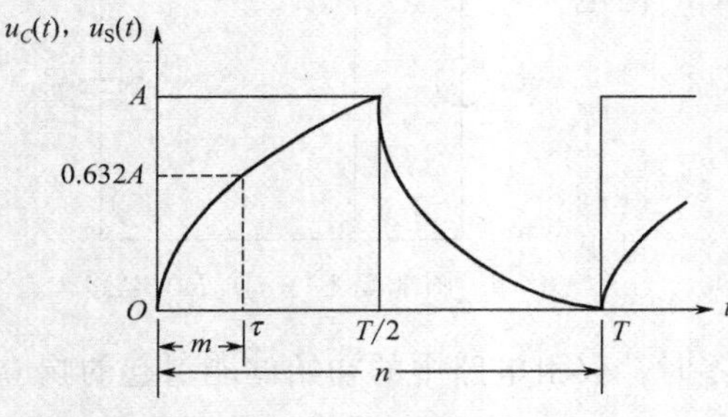

图 3.5.3 一阶 RC 电路时间常数 τ 的测量

在零状态响应曲线上找到 $0.632A$ 的点，或在零输入响应曲线上找到 $0.368A$ 的点，则其对应的时间轴上的点即为 τ。设方波周期 T 在屏幕上占 n 个格，τ 占 m 个格，则有

$$\tau=\frac{m}{n}T \tag{3.5.5}$$

也可通过下式计算时间常数 τ

$$\tau=K_t m \tag{3.5.6}$$

式中，K_t 为示波器扫描开关的量程 T/DIV，表示每格所占的时间。

(4) 用示波器观测一阶电路的方波响应　因为方波信号可以表示为多个阶跃信号的叠加，所以方波信号引起的响应，可以看作是多个阶跃响应的叠加。方波的前沿相当于阶跃激励信号，其响应为零状态响应；方波的后沿相当于电容的初始电压值，其响应为零输入响应。

实验中利用信号发生器输出方波信号来模拟阶跃激励信号。由于方波是周期信号，可以用普通示波器看到稳定的响应曲线。

(5) 时间常数 τ 对一阶电路响应波形的影响

① 如图 3.5.4 所示电路中，如果方波的脉宽 $t_p=(3\sim5)\tau$ 或 $\tau=(1/5\sim1/3)t_p$，则输出端电容器的充、放电电压 u_C 的波形为一般形式的充、放电波形。

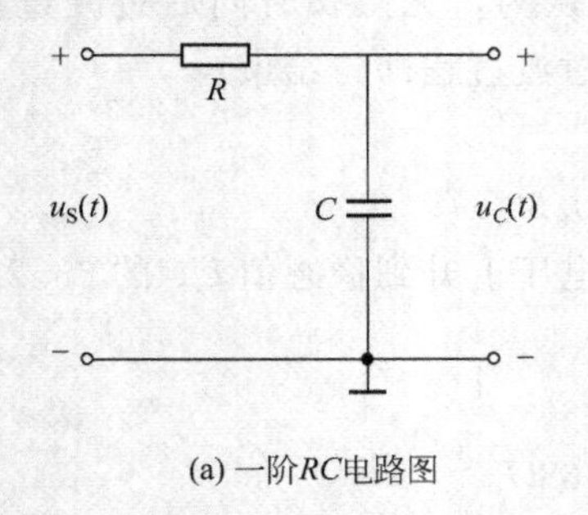

(a) 一阶RC电路图

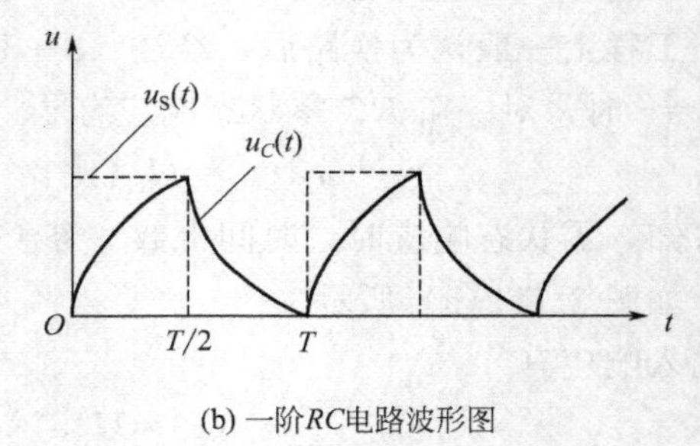

(b) 一阶RC电路波形图

图 3.5.4 一阶 RC 电路及方波响应波形

② 如图 3.5.5 所示电路中，如果方波的脉宽 $t_p \gg \tau$，则输出电压 u_R 近似地与输入电压 u_S 对时间的微分成正比，故此电路称为微分电路。

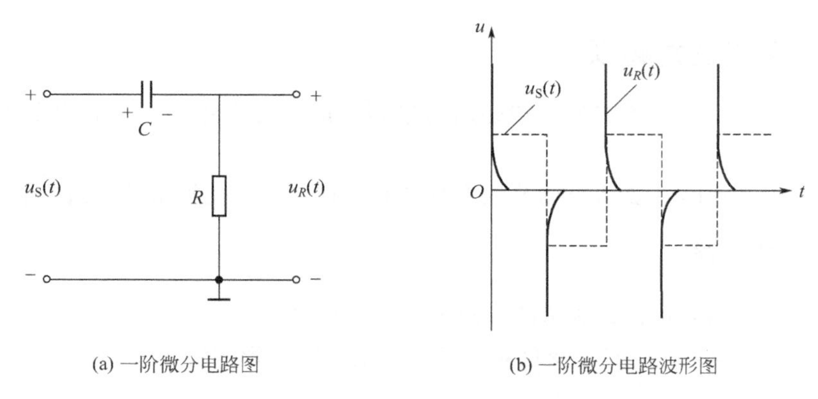

图 3.5.5 一阶 RC 微分电路图及其方波响应

③ 如图 3.5.6 所示电路中，如果方波的脉宽 $t_p \ll \tau$，则输出电压 u_C 近似地与输入电压 u_S 对时间的积分成正比，故此电路称为积分电路。

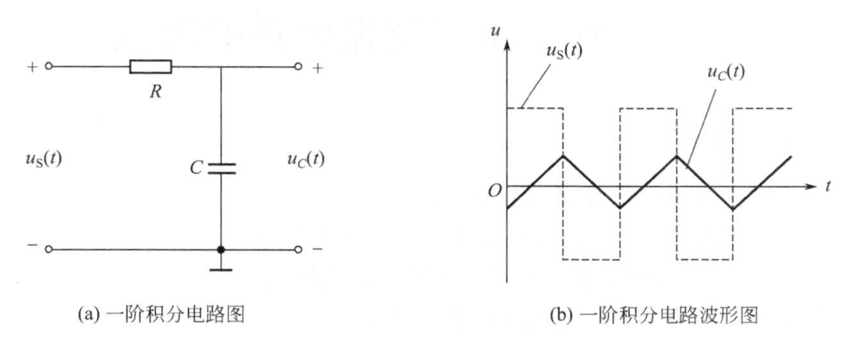

图 3.5.6 一阶 RC 积分电路及方波响应

3.5.5 实验内容及步骤

(1) 用示波器观察 RC 电路的阶跃响应波形并测定时间常数 τ。

① 将函数发生器的电源接通，使之产生 f 为 1kHz、幅高 4V 的方波信号。

② 将此方波输入到示波器，调整示波器显示波形，使能观察到合适的稳定方波波形。

③ 取 $R=10\text{k}\Omega$，$C=0.01\mu\text{F}$ 接成图 3.5.4(a) 所示的一阶 RC 电路。用示波器同时观察 $u_S(t)$ 和 $u_C(t)$ 波形，记录波形。

④ 测出此一阶电路的时间常数 τ。

(2) RC 微分电路

① 取 $R=10\text{k}\Omega$，$C=0.01\mu\text{F}$ 接成图 3.5.5(a) 所示的一阶 RC 微分电路。用示波器同时观察 $u_S(t)$ 和 $u_R(t)$ 波形，记录波形。

② 计算时间常数 τ。

(3) RC 积分电路

① 取 $R=10\text{k}\Omega$，$C=0.1\mu\text{F}$ 接成图 3.5.6(a) 所示的一阶 RC 积分电路。用示波器同时观察 $u_S(t)$ 和 $u_C(t)$ 波形，记录波形。

② 计算时间常数 τ。

3.5.6 实验注意事项

① 函数发生器、示波器的公共端必须与电路中的接地点连在一起，以防外界干扰对测量的不良影响。

② 观测电压波形时，要适当调节幅度衰减和扫描时间，使波形易于观察。

3.5.7 思考题

① 为什么方波信号可以作为 RC 一阶电路激励信号？

② 在 RC 一阶电路中，τ 的变化对电容上的电压有何影响？

3.5.8 实验报告要求

① 按 1∶1 的比例描绘示波器观察到的波形。

② 将实验内容 1 测量的时间常数 τ 与计算值比较，分析误差原因。

3.6 *RLC* 串联谐振电路的研究

3.6.1 实验目的

① 加深对串联谐振电路谐振条件、特点的理解。

② 学习测量并绘制 RLC 串联谐振电路的幅频特性曲线。

③ 学习品质因数 Q 的物理意义及其对电路性能的影响。

④ 进一步熟悉信号发生器、毫伏表的使用方法。

3.6.2 预习要求

① 复习有关串联谐振电路谐振条件、特点的内容。

② 复习品质因数 Q 的物理意义。

③ 预习测定谐振频率的实验方法。

④ 预习 RLC 串联谐振电路的幅频特性曲线的测量方法。

3.6.3 实验器材

① 交流毫伏表：1 块。

② 函数发生器：1 台。

③ 实验线路板或实验箱：1 个。

④ 电阻 510Ω：1 个。

⑤ 电阻 820Ω：1 个。

⑥ 电感 0.1H：1 个。

⑦ 电容 0.01μF：1 个。

3.6.4　实验原理

（1）RLC 串联电路的谐振条件　如图 3.6.1 所示，RLC 串联电路中的阻抗是电源角频率 ω 的函数。即

$$Z=R+\mathrm{j}\left(\omega L-\frac{1}{\omega C}\right) \tag{3.6.1}$$

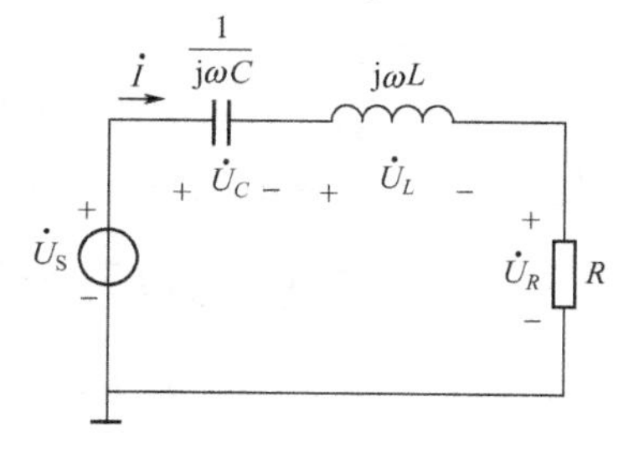

图 3.6.1　RLC 串联谐振电路图

当 $\omega L-\frac{1}{\omega C}=0$ 时，电路处于串联谐振状态，谐振角频率为

$$\omega_0=\frac{1}{\sqrt{LC}} \tag{3.6.2}$$

谐振频率为

$$f_0=\frac{1}{2\pi\sqrt{LC}} \tag{3.6.3}$$

显然，谐振频率仅与元件 L、C 的数值有关，而与电阻 R 和激励电源的角频率 ω 无关。

（2）电路处于谐振状态时的特性

① 由于回路总电抗 $X_0=\omega_0 L-\frac{1}{\omega_0 C}=0$，因此回路阻抗 $|Z_0|$ 为最小值，整个电路相当于一个纯电阻电路，激励电源的电压与回路的响应电流同相位。

② 由于感抗 $\omega_0 L$ 与容抗 $\frac{1}{\omega_0 C}$ 相等，所以电感上的电压 $\dot{U}_L$ 与电容上的电压 $\dot{U}_C$ 数值相等，相位相差 180°。

③ 谐振时电感上的电压（或电容上的电压）与激励电压之比称为品质 Q，即

$$Q=\frac{U_L}{U_S}=\frac{U_C}{U_S}=\frac{\omega_0 L}{R}=\frac{\frac{1}{\omega_0 C}}{R}=\frac{1}{R}\sqrt{\frac{L}{C}} \tag{3.6.4}$$

在 L 和 C 为定值的条件下，Q 值仅仅取决于回路电阻 R 的大小。

④ 在激励电压值（有效值）不变的情况下，谐振时回路中的电流 $I_0=U_S/R$ 为最大值，电阻上电压 U_R 也为最大值。

（3）串联谐振电路的频率特性　电路的响应电压 U 与激励电源 U_S 的角频率的关系称为电压的幅频特性，表明其关系的图形为串联谐振曲线。

将 U/U_0 与 ω/ω_0 的函数关系（U_0 为谐振时的响应电压）称为电压的通用幅频特性，如图 3.6.2 所示。

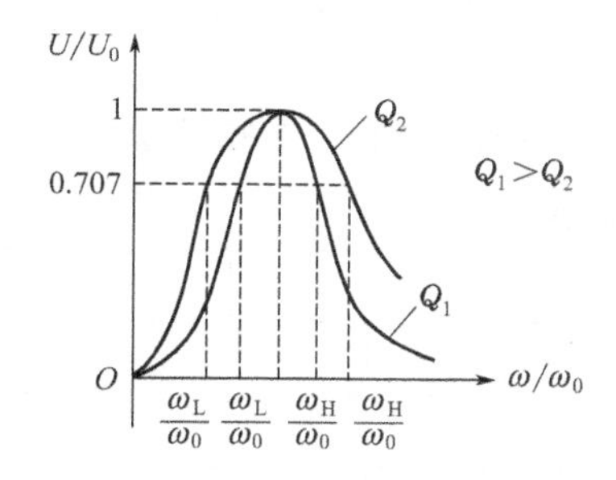

图 3.6.2　RLC 串联谐振幅频特性曲线

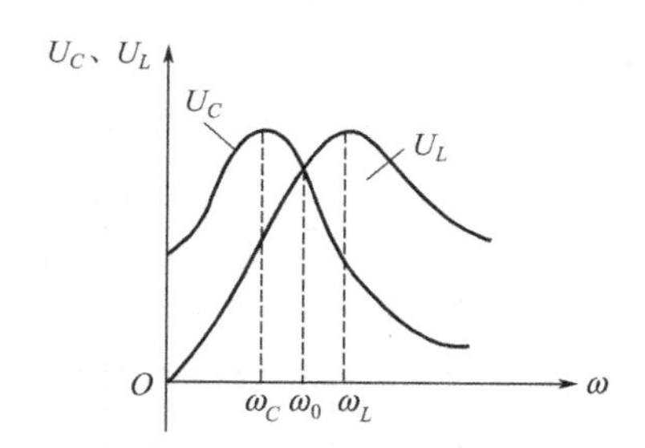

图 3.6.3　U_C、U_L 谐振幅频特性曲线

当电路的 L 和 C 保持不变时，改变 R 的大小，可以得出不同 Q 值的电压幅频特性曲线。显然，Q 值越高，曲线越尖锐，通频带越窄，电路的选择性越好。

幅频特性曲线可以计算得出，或用实验方法测定。当输入电压 U_S 的幅值维持不变时，也可以取电阻、电感、电容上的电压 U_R、U_L、U_C 作为响应，即研究 U_R、U_L、U_C 与角频率 ω 的关系。

曲线如图 3.6.3 所示。当 $Q>0.707$ 时，U_C 和 U_L 才能出现峰值，U_C 的峰值出现在 $\omega<\omega_0$ 处，U_L 的峰值出现在 $\omega>\omega_0$ 处。Q 值越高，出现峰值处离 ω_0 越近。

3.6.5 实验内容及步骤

（1）按图 3.6.4 所示电路接线。U_S 由信号发生器调出有效值 2V，并保持不变。

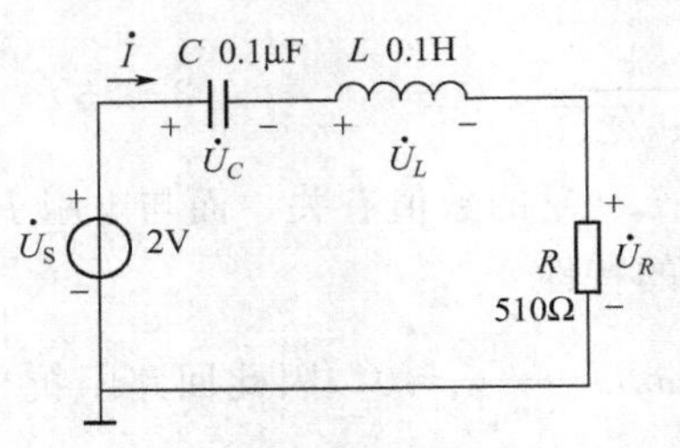

图 3.6.4 *RLC* 串联谐振接线图

（2）找出电路的谐振频率 f_0，具体方法是：将毫伏表接在电阻 R 两端，调节信号发生器的频率范围，观察毫伏表读得的 U_R 值的变化情况，当 U_R 读数最大时，对应的频率值即为电路的谐振频率 f_0。测量谐振时的 U_R、U_L、U_C 值，记入表 3.6.1 中。

表 3.6.1 实验测量数据表（1）

f/Hz	300	500	700	900	1100	1300	1500	f_0	1700	1800	1900	2100
U_R/V												
U_L/V												
U_C/V												

（3）在谐振点左侧（$f<f_0$），将毫伏表接在电容 C 两端，按照步骤（2）的方法，找到 U_C 最大值及其对应的频率，记入表 3.6.1 中。

（4）在谐振点右侧（$f>f_0$），将毫伏表接在电容 L 两端，按照步骤（2）的方法，找到 U_L 最大值及其对应的频率，记入表 3.6.1 中。

（5）在谐振点两侧，依次各取几个测量点，逐点测出对应频率时的 U_R、U_L、U_C 值，记录于表 3.6.1 中。

（6）改变电阻值为 820Ω，重复步骤（1）～步骤(5）的测量过程，数据记录于表 3.6.2 中。

表 3.6.2 实验测量数据表（2）

f/Hz	300	500	700	900	1100	1300	1500	f_0	1700	1800	1900	2100
U_R/V												
U_L/V												
U_C/V												

3.6.6 实验注意事项

① 函数发生器、示波器的公共端必须与电路中的接地点连在一起，以防外界干扰对测量的不良影响。

② 调频过程中要保持信号源的电源电压 U_S 不变。

③ 测量电压时注意根据被测电压大小及时更换毫伏表量程。

④ 在谐振频率点附近多取几个测量点。

3.6.7 思考题

① 交流毫伏表与普通的交流电压表有何异同?

② 本次实验电压有效值可不可以用万用表交流电压挡来测量?

③ 谐振频率值与哪些因素有关? 电阻 R 的数值是否影响谐振频率值?

④ 要提高 RLC 串联电路的品质因数，电路参数应如何改变?

3.6.8 实验报告要求

① 根据测量数据，绘出不同 Q 值时的 U_R、U_L、U_C 关于频率 f 的幅频特性曲线。同一 Q 值的三条幅频特性曲线绘在同一坐标平面上。

② 计算出谐振频率 f_0 和品质因数 Q。

③ 谐振时，比较 U_R 和电源电压 U_S 是否相等? U_L 与 U_C 是否相等? 分析原因。

3.7 交流电路元件等效参数的测定

3.7.1 实验目的

① 学习用交流电压表、交流电流表和功率表测量元件的交流等效参数的方法。

② 学习功率表的使用方法。

③ 熟悉交流电源的使用方法。

④ 学会判断被测阻抗性质。

3.7.2 预习要求

① 复习正弦交流电路中电压、电流、功率的关系。

② 复习有关纯电阻、电感和容性阻抗性质部分的内容。

③ 复习纯电阻、电感和容性阻抗的电压、电流相量图。

④ 预习交流电压表、交流电流表和功率表的使用与测量方法。

⑤ 预习测定交流参数的实验方法。

3.7.3 实验器材

① 交流电压表：1 块。

② 交流电流表：1 块。

③ 功率表：1 块。

④ 自耦调压器：1台。
⑤ 电阻 300Ω：1个。
⑥ 电感线圈（镇流器）：1个。
⑦ 电容 1μF：1个。
⑧ 电容 4.7μF：1个。
⑨ 实验线路板或实验箱：1个。
⑩ 电容：6.8μF 1个。

3.7.4 实验原理

（1）三表法测交流电路参数　正弦交流电路中，元件的阻抗值或无源二端网络的等效参数，可以用交流电压表、交流电流表及功率表，分别测出元件端电压 U、流过的电流 I 和它所消耗的有功功率 P，再通过这三个量计算得出元件或无源二端网络的交流参数，这种测定交流参数的方法称为三表法。

三表法计算交流参数的公式为

$$|Z|=\frac{U}{I} \tag{3.7.1}$$

$$\cos\varphi=\frac{P}{UI} \tag{3.7.2}$$

$$R=\frac{P}{I^2}=|Z|\cos\varphi \tag{3.7.3}$$

$$X=\sqrt{|Z|^2-R^2}=|Z|\sin\varphi \tag{3.7.4}$$

如被测元件是一个感性元件，则

$$L=\frac{X_L}{\omega}=\frac{|Z|}{2\pi f} \tag{3.7.5}$$

如被测元件是一个容性元件，则

$$C=\frac{1}{\omega X_C}=\frac{1}{2\pi f|Z|} \tag{3.7.6}$$

（2）功率表的使用方法

① 接线方式　常用的有智能功率表和电动系功率表，无论使用哪种功率表，都应遵循共同的接线原则，即电流线圈与负载串联，电压线圈与负载并联。

电动系功率表转动部分的偏转方向是由通入电流线圈和电压线圈的电流方向决定的，改变其中一个线圈的电流方向，指针就会反转。为使功率表指针不至于反偏，电流线圈与电压线圈都各有一个端钮标记为“*”，称为电源端或同名端，接线时将两个“*”端接入同一极性的位置，以保证两个线圈的电流都从同一极性的端钮流入，使功率表指针正向偏转。

功率表按电压线圈的接线方式分为两种：一种是电压线圈前接法，如图 3.7.1(a) 所示，适用于负载阻抗远大于电流线圈阻抗的情况；另一种是电压线圈后接法，如图 3.7.1

(b) 所示，适用于负载阻抗远小于电压线圈阻抗的情况。

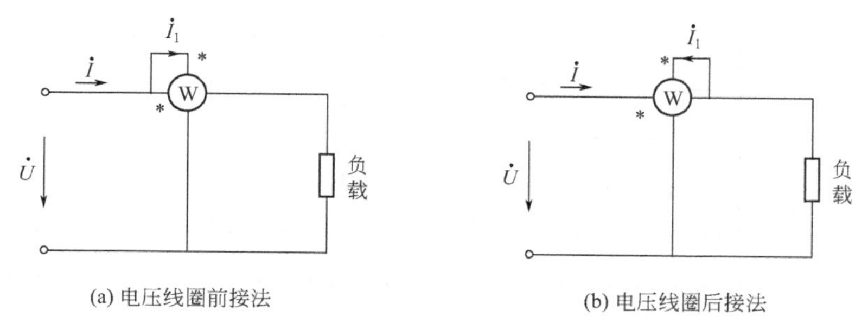

图 3.7.1 功率表的两种接线图

② 功率表量程及读数 智能功率表量程能自动适应被测的电压和电流，读取功率值时，只需将功能键选到“P”，读取显示屏中数据即可，单位为瓦（W）。

电动系功率表设置好电压量程和电流量程之后，功率表的读数可用下式计算

$$P=\frac{\text{电压量程}\times\text{电流量程}}{\text{满偏格数}}\times\text{偏转格数} \tag{3.7.7}$$

③ 阻抗性质的判别 当无法判定待测元件的阻抗时，可用并联电容法或串联电容法来判别元件的阻抗性质。

并联电容法：在被测元件两端并联一只容量适当的试验电容 C_0，如图 3.7.2 所示。

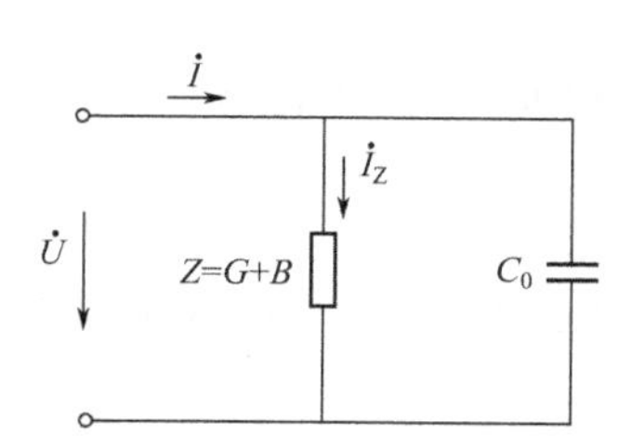

图 3.7.2 并联电容法判定阻抗性质原理图

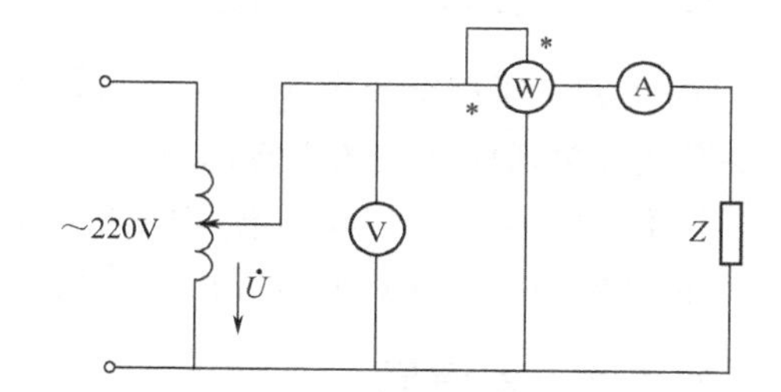

图 3.7.3 三表法测交流参数接线图

该试验电容 C_0 满足 $B_0<|2B|$，式中 B_0 为试验电容的电纳，B 为待测元件的等效电纳。若电路中的总电流增大，则被测元件为容性；若总电流减小，则被测元件为感性。

串联电容法：被测阻抗串联一只容量适当的试验电容 C_0，若被测阻抗的端电压下降，则被测阻抗为容性；被测阻抗端电压上升，则被测阻抗为感性。

3.7.5 实验内容

用三表法测量交流参数，步骤如下。

① 按图 3.7.3 所示电路接线。被测元件 R 用 300Ω/50W 的电阻器，L 用日光灯的镇流器，C 选 4.7μF、耐压 400V 的电容器。电动系功率表电压量程置于 300V，电流量程置于 1A。

若使用的是智能功率表，则不需要单独设定交流电流和交流电压的量程。

② 调节自耦变压器输出电压为 100V，分别测电阻 R、电感线圈 L 和电容器 C 的电流和有功功率，将测量数据记入表 3.7.1 中。

表 3.7.1 三表法测交流参数实验数据

被测元件	测量值			计算值				
	U/V	I/mA	P/W	$\|Z\|/\Omega$	$\cos\varphi$	R/Ω	L/mH	C/μF
电阻 R	100							
电感线圈 L	100							
电容器 C	100							

③ 用并联电容法判定阻抗的性质，C_0 选用 1μF 的电容，按表 3.7.2 的内容进行测量和记录。

④ 用串联电容法判定阻抗的性质，C_0 选用 6.8μF 的电容，按表 3.7.2 的内容进行测量和记录。

表 3.7.2 判断阻抗性质实验数据

被测元件	并联 1μF 的电容		串联 6.8μF 的电容	
	并联 C_0 前电流/mA	并联 C_0 后电流/mA	串联 C_0 前电压/V	串联 C_0 后电压/V
电感线圈 L				
C(6.8μF)				

3.7.6 实验注意事项

① 实验中所用交流电源电压较高，要注意安全。应在断电状态下接线，测量数据过程中要避免接触通电线路的裸露部分。

② 注意功率表的电压量程和电流量程要高于被测负载的电压和电流。

③ 自耦调压器在接通电源前、改接线路及实验完毕都要保证将其手柄置于零位。

3.7.7 思考题

① 实验中的电感元件选用的是日光灯的镇流器，它是不是纯电感元件？画出其等效电路，说明其等效交流参数有哪几个？

② 作出并联电容法判定被测元件性质的相量图，说明其原理。

③ 电容 C 做负载时，测得的有功功率为什么是 0？

3.7.8 实验报告要求

① 根据各测量数据分别计算各元件的等效参数。

② 根据实验数据给出实验结论。

3.8 日光灯电路的连接及功率因数的提高

3.8.1 实验目的

① 加深理解提高功率因数的意义和方法。

② 了解日光灯的工作原理，掌握日光灯电路的连接方法。

③ 学习用交流电压表、交流电流表和功率表测量元件的交流等效参数的方法。

3.8.2 预习要求

① 复习正弦交流电路中电压、电流的相量关系。

② 复习有关日光灯的工作原理、日光灯电路的连接方法部分的内容。

③ 复习功率、功率因数部分的内容。

④ 预习日光灯电路的接线方式、工作原理。

⑤ 预习提高感性负载功率因数的实验方法。

3.8.3 实验器材

① 交流电压表：1 块。

② 交流电流表：1 块。

③ 功率表：1 块。

④ 自耦调压器：1 台。

⑤ 日光灯管：1 个。

⑥ 镇流器：1 个。

⑦ 启辉器：1 个。

⑧ 电容 1μF：1 个。

⑨ 电容 2.2μF：1 个。

⑩ 电容 4.7μF：1 个。

⑪ 电容 6.8μF：1 个。

⑫ 实验线路板或实验箱：1 个。

⑬ 电流测试线：1 条。

3.8.4 实验原理

(1) 提高功率因数的意义　实际生产和生活中的用户负载大多数为感性负载（如发电机、变压器、日光灯）。当感性负载功率因数较低时，会带来两方面的问题。一是因无功功率的存在，使电源设备的容量得不到充分利用；二是因电流增大，引起线路功率损耗的增加，降低了输电效率。因此，提高功率因数有着重要的经济意义。

(2) 提高功率因数的方法　感性负载提高功率因数的方法是在负载两端并联适当的电容器。其无功补偿原理的相量图如图 3.8.1 所示。

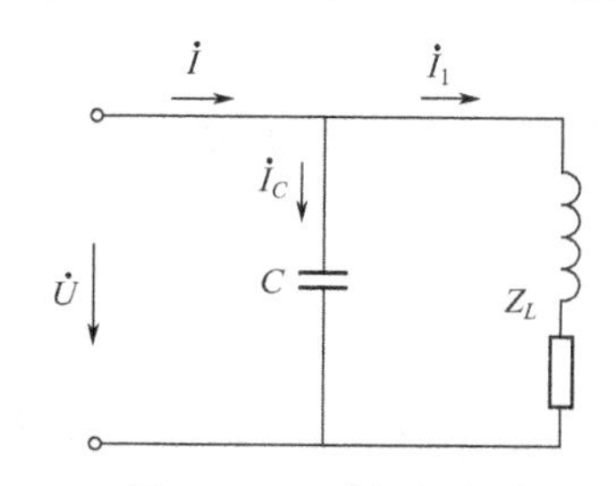

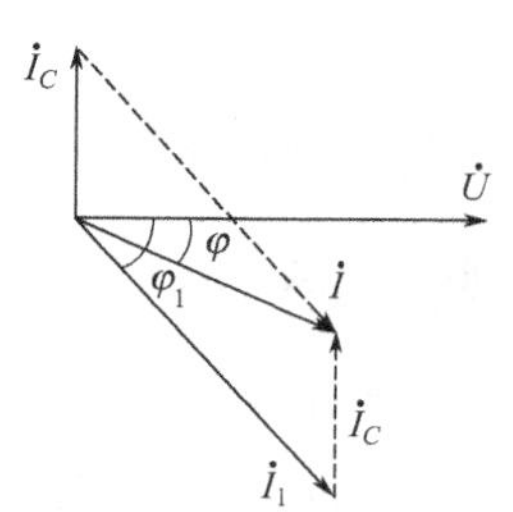

图 3.8.1　感性负载并联电容提高功率因数的电路及相量图

即用电容器中的容性电流 $\dot{I}_C$ 补偿负载的感性电流 $\dot{I}_1$，使电路中的总电流 $\dot{I}$ 减小，从而使阻抗角 φ 减小，因此功率因数 $\cos\varphi$ 提高。

假定功率因数从 $\cos\varphi_1$ 提高到 $\cos\varphi$，则所需并联电容器的电容值可按下式计算：

$$C=\frac{P}{\omega U^2}(\tan\varphi_1-\tan\varphi) \tag{3.8.1}$$

(3) 无功补偿的三种类型

① 欠补偿是指无功补偿后满足 $\cos\varphi<1$，且电路等效电抗的性质不变，即感性电路补偿后仍为感性，容性仍为容性。

② 全补偿是指补偿至理想功率因数值 $\cos\varphi=1$。

③ 过补偿是指无功补偿后，电路等效阻抗的性质发生了改变，即感性电路变成容性电路；或反之，容性电路变成感性电路。

由此可见，合理地选择电容容量，可以提高功率因数。但并联的电容值不是越大越好，当电容值增大到某一数值后，会出现过补偿，使功率因数反而减小。

从经济角度考虑，无功功率补偿要合理补偿，一般采用欠补偿，通常要求用户 $\cos\varphi=0.8\sim0.9$。虽然全补偿（$\cos\varphi=1$）是理想补偿方式，但功率因数过高时，每千乏容量减小损耗的作用变小，投入的电容成本大却收效低，因此不采用全补偿。同时要注意不要过补偿，以防无功倒流，造成功率损耗的增加。

(4) 日光灯电路　日光灯电路是日常生活中最常见的感性负载电路，其电路如图 3.8.2 所示。日光灯电路由灯管、镇流器和启辉器三部分组成。启辉器在电路接通的瞬间起一个自动开关的作用，由于它的通和断，使电路中产生突变的电流，在镇流器上感应自感电动势，与外加交流电源一起加在灯管两端，使灯管中的气体弧光放电，激发灯管内壁的荧光粉，发出可见光。

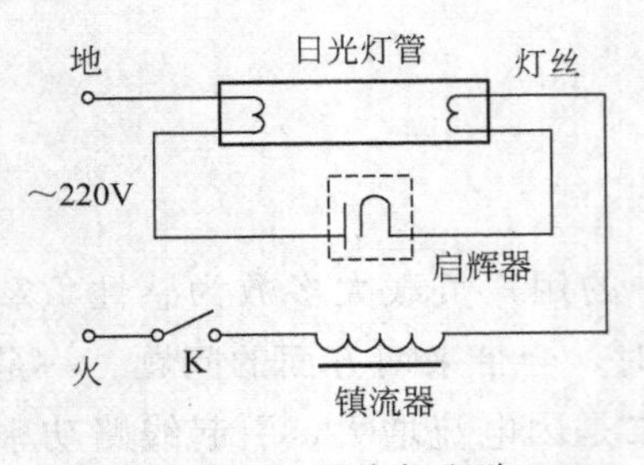

图 3.8.2　日光灯电路

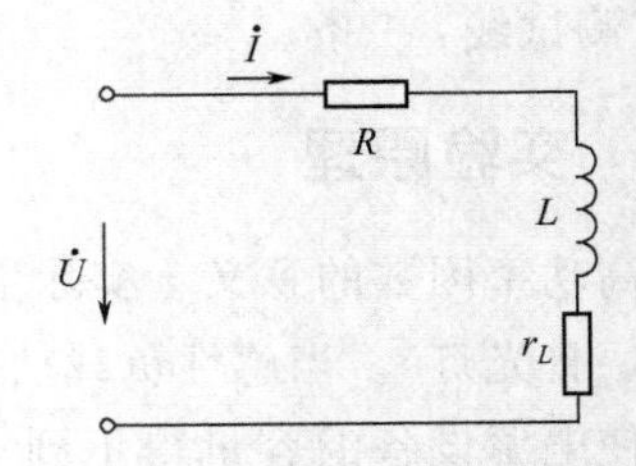

图 3.8.3　日光灯等效电路图

日光灯正常工作时，启辉器断开，不再起作用；镇流器起限制电流的作用，因此，日光灯点燃后灯管电压降低。日光灯点燃后相当于纯电阻元件。日光灯点燃后的等效电路如图 3.8.3 所示。

图中 R 为日光灯等效电阻、L 为镇流器的电感量、r_L 为镇流器的电阻。

3.8.5　实验内容

(1) 日光灯电路的连接

① 按图 3.8.4 接线，开关 K 断开，先不接入电容。调节自耦调压器的输出，使电源电压缓慢增大直至 220V，点燃日光灯电路。

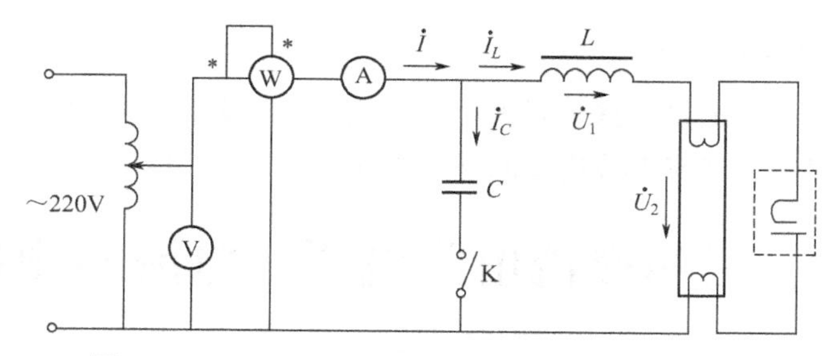

图 3.8.4　日光灯电路及功率因数提高实验电路图

② 测量电压 U、电流 I、有功功率 P、功率因数 $\cos\varphi$、灯管电压 U_2、镇流器电压 U_1，记入表 3.8.1 中。

表 3.8.1　日光灯电路测量数据表

U/V	I/mA	P/W	$\cos\varphi$	U_1/V	U_2/V

（2）提高功率因数

① 如图 3.8.4 所示，开关 K 接通，依次将所需电容并联在电路中，保持电源电压 U 为 220V，接通电源。

② 测出并联不同电容时的电压 U、电流 I、有功功率 P、功率因数 $\cos\varphi$、感性负载电流 I_L 及电容支路电流 I_C 值，记入表 3.8.2 中。

表 3.8.2　感性负载提高功率因数测量数据

C/μF	U/V	I/mA	P/W	I_L/mA	I_C/mA	$\cos\varphi$
1						
2.2						
3.2						
4.7						
6.8						

3.8.6　实验注意事项

① 实验中所用交流电源电压较高，测量数据过程中要避免接触通电线路的裸露部分，避免触电事故发生。

② 日光灯不能启辉时，应检查启辉器、灯管灯丝及其接触是否良好。

③ 自耦调压器在接通电源前、改接线路及实验完毕都要保证要将其手柄置于零位。

3.8.7　思考题

① 感性负载电路并联电容后，有功功率是否改变？电路总电流如何变化？感性负载上的功率和电流是否改变？

② 在实验中如何从电路总电流的变化情况判断功率因数的变化情况？电流在什么情况下功率因数最大？

③ 用无功功率补偿的原理，阐述感性负载电路并联电容提高功率因数的原因。

3.8.8 实验报告要求

① 根据表 3.8.2 中的测量数据，画出功率因数与并联电容值的关系曲线 $\cos\varphi=f(C)$。

② 画出电路总电流与并联电容值之间的关系曲线 $I=f(C)$。

3.9 三相交流电路电压、电流的测量

3.9.1 实验目的

① 研究三相负载作星形连接时或作三角形连接时，在对称和不对称情况下线电压与相电压、线电流和相电流之间的关系。

② 比较三相供电方式中三线制和四线制的特点。

③ 了解不对称负载作星形连接时中线的作用。

3.9.2 预习要求

① 复习三相交流电路的内容。

② 复习有关对称和不对称情况下线电压与相电压、线电流和相电流之间的关系。

③ 预习三相交流电路的电压、电流的测量。

④ 预习不对称负载作星形连接时中线的作用。

3.9.3 实验器材

① 交流电压表：1 块。

② 交流电流表：1 块。

③ 三相灯负载 15W/220V 白炽灯：4 组。

④ 自耦调压器：1 台。

⑤ 万用表：1 块。

⑥ 实验线路板或实验箱：1 个。

⑦ 电流测试线：1 条。

3.9.4 实验原理

三相供电系统主要由三相电源、三相负载和三相输电线三部分组成。三相电源若由频率相同、幅值相同、初相位依次滞后 120°的正弦电压源组成，则为对称电源。若三相负载等效阻抗相同，则称为对称三相负载。

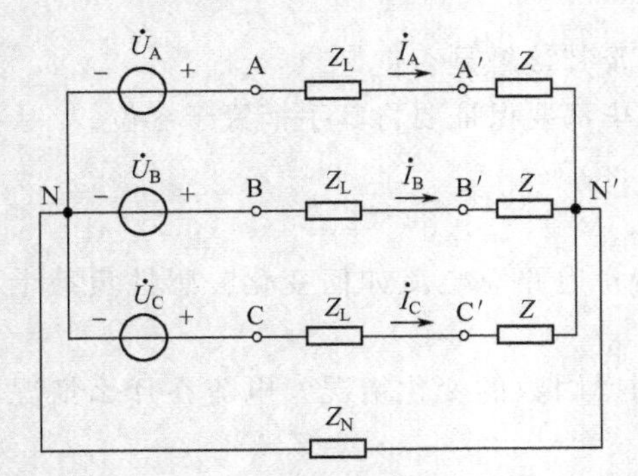

图 3.9.1 三相电路的星形连接

三相电源和三相负载可以接成星形（Y 形）和三角形（△形）。

(1) 三相负载的星形连接　如图 3.9.1 所示，有中线 NN′时为三相四线制，无中线则为三相三线制。

三相负载星形连接时，若负载对称，则负载中性点 N′和电源中性点 N 之间的电压为零，即 $U_{NN'}=$

0。线电流 I_L 等于相电流 I_P，线电压 U_L 和相电压 U_P 满足 $U_L=\sqrt{3}U_P$。负载对称情况下，流过中线的电流 $I_N=0$，故中线可以省去。

若三相三线制星形电路负载不对称，则 $U_{NN'}\neq0$，负载中性点出现位移，会导致三相负载相电压的不平衡，致使负载轻的那一相的相电压过高，负载重的那一相的相电压过低，使负载不能正常工作。因此必须采用三相四线制接法，以保证三相不对称负载的每相电压维持对称不变，这正是中线的作用。

(2) 三相负载的三角形连接 如图 3.9.2 所示。对于三相对称负载三角形连接时，线电流 I_L 和相电流 I_P 满足 $I_L=\sqrt{3}I_P$。当三相不对称负载三角形连接时，$I_L\neq\sqrt{3}I_P$，但只要电源的线电压 U_L 对称，加在三相负载上的电压仍是对称的，对各相负载工作没有影响。

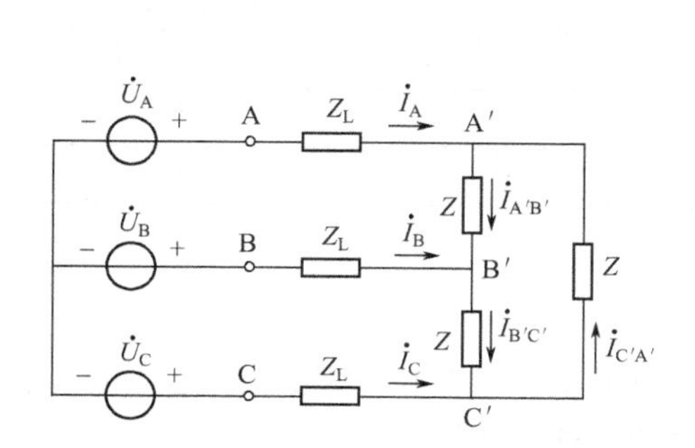

图 3.9.2 三相电路的三角形连接

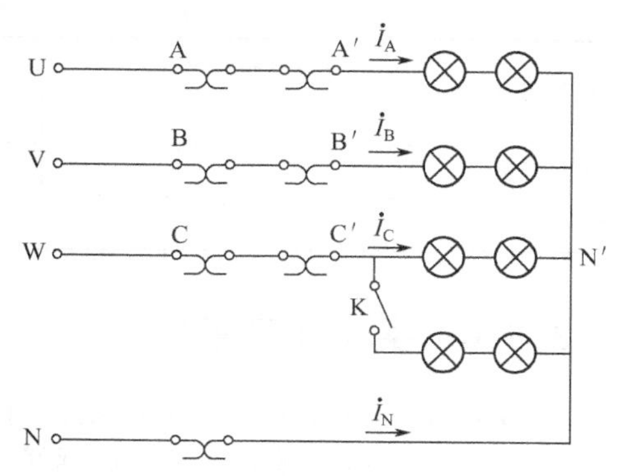

图 3.9.3 星形连接的实验线路图

3.9.5 实验内容

① 三相负载星形连接的电压、电流测量：按图 3.9.3 所示接线。

调节自耦调压器的输出，使输出的三相线电压为 220V，按表 3.9.1 的要求测量出不同负载情况下的线电压、相电压、负载中性点电压 $U_{NN'}$、线电流（相电流）、中线电流 I_N 值，将所测量的数据记录在表 3.9.1 中，并观察各相灯泡明暗变化程度及中线的作用。

表 3.9.1 三相负载星形连接实验数据

负载情况		线电压/V			相电压/V			中线电压/V	线电流(相电流)/mA			中线电流/mA
		$U_{A'B'}$	$U_{B'C'}$	$U_{C'A'}$	$U_{A'N'}$	$U_{B'N'}$	$U_{C'N'}$	$U_{NN'}$	I_A	I_B	I_C	I_N
负载对称	有中线											
	无中线											
负载不对称	有中线											
	无中线											
不对称A相断	有中线											
	无中线											

② 三相负载三角形连接的电压、电流测量：按图 3.9.4 所示接线。调节自耦调压器的输出，使输出的三相线电压为 220V，按表 3.9.2 的要求测量出不同负载情况下的线电压（相电压）、线电流、相电流值，将所测量的数据记录在表 3.9.2 中。

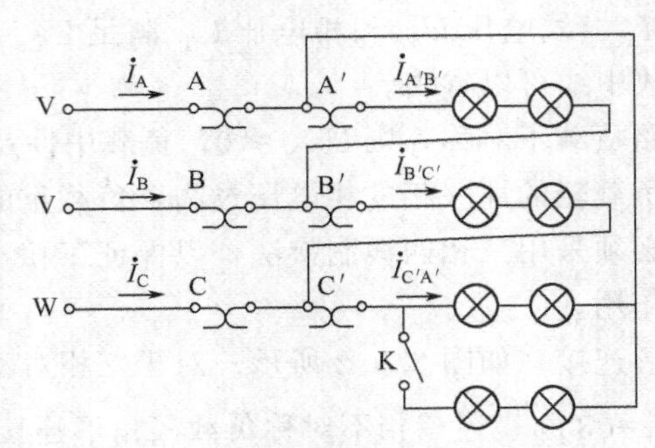

图 3.9.4　三角形连接的实验线路图

表 3.9.2　三相负载三角形连接实验数据

负载情况	线电压(相电压)/V			线电流/mA			相电流/mA		
	$U_{A'B'}$	$U_{B'C'}$	$U_{C'A'}$	I_A	I_B	I_C	$I_{A'B'}$	$I_{B'C'}$	$I_{C'A'}$
负载对称									
负载不对称									

3.9.6　实验注意事项

① 实验中所用交流电源电压较高，注意用电及人身安全，避免触电事故发生。

② 实验要严格遵循先断电、后拆线，先接线、后通电的操作规程。

3.9.7　思考题

① 三相负载根据什么条件作星形或三角形连接？

② 在三相四线制电路中，中线上可以安装开关和保险吗？为什么？

③ 不对称三角形连接的负载能否正常工作？

3.9.8　实验报告要求

① 由实验结果说明三相三线制和三相四线制的特点。

② 用实验数据验证对称三相电路中的$\sqrt{3}$关系。

③ 总结负载中性点电压 $U_{NN'}$ 与负载情况的关系。

3.10　三相交流电路功率的测量

3.10.1　实验目的

① 掌握一表法和二表法测量三相交流电路功率的方法。

② 学习三相交流电路相序的测量方法。

③ 掌握一表法和二表法测量三相交流电路功率的适用条件。

3.10.2　预习要求

① 复习三相交流电路功率的内容。

② 预习有关一表法和二表法测量三相交流电路功率的原理及接线。
③ 预习三相交流电路的相序的测量方法。

3.10.3 实验器材

① 交流电压表：1块。
② 交流电流表：1块。
③ 三相灯负载15W/220V白炽灯：4组。
④ 自耦调压器：1台。
⑤ 功率表：1只。
⑥ 电容器1μF/400V：1个。
⑦ 实验线路板或实验箱：1个。
⑧ 电流测试线：1条。

3.10.4 实验原理

(1) 三相交流电路相序的判定　相序是三相交流电的瞬时值从负值向正值变化经过零值的依次顺序。在实际的对称三相电路中，若以某一相为A相，则认为比A相滞后120°的为B相，再滞后120°的为C相，此为正序。

三相交流电路可以通过实验的方法判定其相序，如图3.10.1为相序指示器。它是由一只电容器和两组功率相同的白炽灯连接成星形不对称三相负载电路，根据两只白炽灯亮度差异可确定对称三相电路的相序。

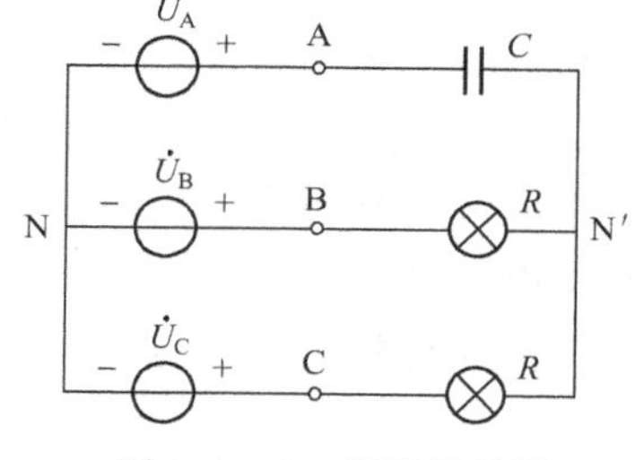

图3.10.1 相序指示器

设三相电源对称，电容器所接的一相为A相，$\dot{U}_A = U\angle 0°$，则$\dot{U}_B = U\angle 120°$，$\dot{U}_C = U\angle -120°$，$R=\frac{1}{\omega C}$。中点电压$U_{NN'}$为

$$\dot{U}_{NN'}=\frac{j\omega \dot{C}U_A+G(\dot{U}_B+\dot{U}_C)}{j\omega C+2G}=\frac{j-1}{j+2}U\approx 0.63U\angle 108.4° \tag{3.10.1}$$

B相白炽灯承受的电压为

$$\dot{U}_{BN'}=\dot{U}_{BN}-\dot{U}_{NN'}\approx 1.5U\angle 101.5° \tag{3.10.2}$$

C相白炽灯承受的电压为

$$\dot{U}_{CN'}=\dot{U}_{CN}-\dot{U}_{NN'}\approx 0.4\angle 133.4° \tag{3.10.3}$$

根据上述结果可以判断，若电容器所接的一相为A相，则灯泡较亮的一相为B相，较暗的一相为C相。因为相序是相对的，任何一相为A相时，B相和C相便可据此确定。

(2) 一表法测量三相电路的有功功率　对于三相四线制供电的星形连接负载，可以用一只功率表分别测量各相的有功功率P_A、P_B、P_C，三者之和即为三相负载的总功率

$$\sum P=P_A+P_B+P_C \tag{3.10.4}$$

这种方法称为一表法。若三相负载对称，那么只需测量其中一相的功率，乘以3即得三相总的有功功率。测量线路如图3.10.2所示。

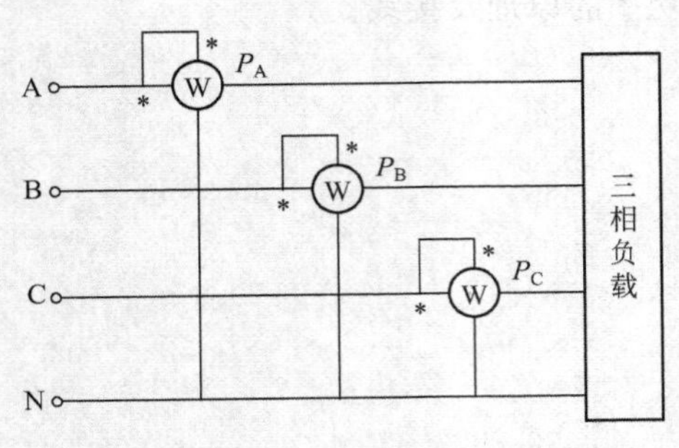

图 3.10.2 一表法测量三相负载有功功率电路图

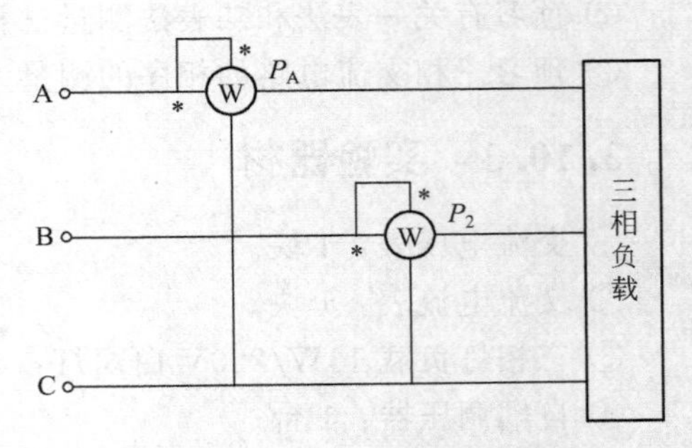

图 3.10.3 二表法测量三相负载有功功率电路图

(3) 二表法测量三相电路的有功功率 在三相三线制供电系统中，不论三相负载是否对称，也不论负载是星形连接法还是三角形连接法，均可用二表法测三相负载的总有功功率。测量线路如图 3.10.3 所示。

二表法测量三相负载的功率，不同性质的负载（电阻、电感、电容）对两只功率表的读数有影响。对称三相电路中，两只功率表读数与负载的功率因数有如下关系：

① 如果负载为纯电阻，两只功率表读数相同；

② 如果负载的功率因数大于 0.5，两只功率表读数均为正值；

③ 如果负载的功率因数等于 0.5，其中一只功率表读数为零；

④ 如果负载的功率因数小于 0.5（相电压与相电流的相位差 φ 大于 60°），其中一只功率表读数为负值（若指针功率表反偏或数字功率表出现负读数，需调整极性开关或将功率表电流线圈的两个端子调换），其读数记为负值。

三相电路总的有功功率

$$\sum P = P_1 + P_2 \tag{3.10.5}$$

其中，P_1、P_2 分别是两只功率表的读数，其本身不含任何意义。

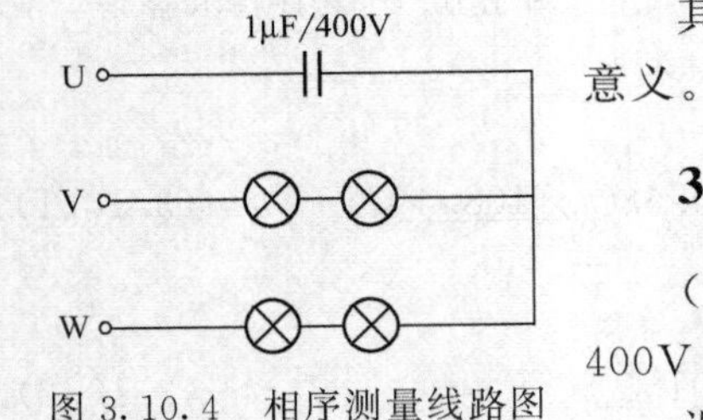

图 3.10.4 相序测量线路图

3.10.5 实验内容

(1) 相序的测量 相序测量如图 3.10.4 所示，电容选 1μF/400V 电容器，调自耦调压器输出，电源线电压为 220V。

设定接电容相为 A，接通三相电源，观察两组灯的明暗状态，判断三相交流电源的相序。所测结果填入表 3.10.1 中。

表 3.10.1 相序测量结果

U	V	W

(2) 用一表法测量三相电路总有功功率 用三相交流电路的白炽灯作负载，实验电路如图 3.10.5 所示。调自耦调压器输出，使电源线电压为 220V。用一只功率表分别测各相负载的功率。然后相加即得总功率。若负载比较对称，则总功率为一相功率的 3 倍，所测数据填入表 3.10.2 中。

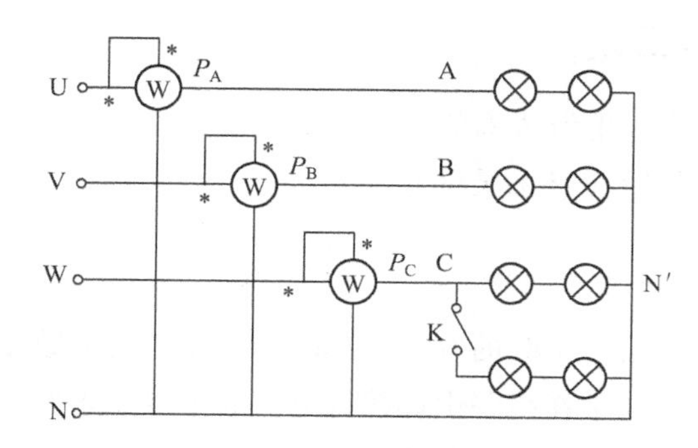

图 3.10.5　一表法测量三相负载有功功率接线图

表 3.10.2　一表法测量三相电路总功率数据

负载情况	测量值			计算值
	P_A/W	P_B/W	P_C/W	ΣP/W
星形对称负载				
星形不对称负载				

（3）用二表法测量三相电路总有功功率

① 将图 3.10.5 所示电路断开中线，即为三相三线制星形连接，如图 3.10.6(a) 所示，接入功率表，用二表法测量三相负载的总有功功率，测量数据记入表 3.10.3 中。

② 将灯泡负载改成三角形连接，如图 3.10.6(b) 所示用二表法测三相总功率，测量数据记入表 3.10.3 中。

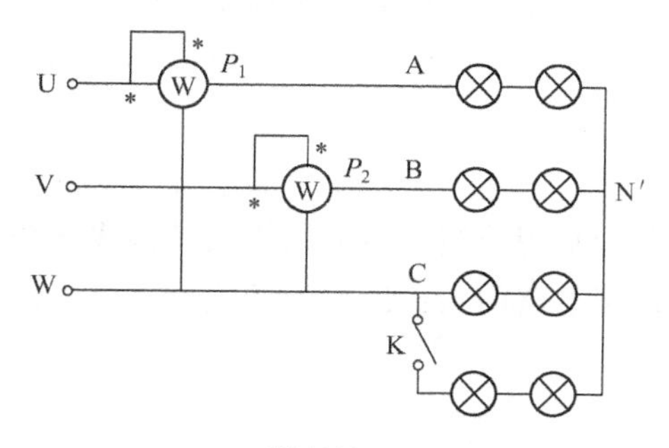

(a) 三相星形负载电路

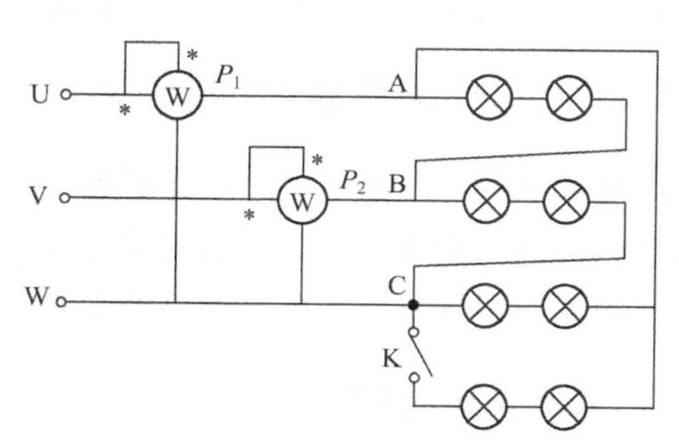

(b) 三相三角形负载电路

图 3.10.6　二表法测量三相负载有功功率接线图

表 3.10.3　二表法测量三相电路总功率数据

负载情况	测量值		计算值
	P_1/W	P_2/W	ΣP/W
Y 接对称负载			
Y 接不对称负载			
△接不对称负载			
△接对称负载			

3.10.6 实验注意事项

① 注意功率表电压线圈、电流线圈的额定值。

② 实验线路需经指导教师检查无误后通电。

3.10.7 思考题

① 用二表法测量三相纯阻性负载的有功功率时，功率表的读数是否会出现负值?

② 测量功率时，为什么通常在线路中都接有电流表和电压表?

③ 说明一表法和二表法的测量适用条件。

3.10.8 实验报告要求

① 比较一表法和二表法测量星形负载电路有功功率的测量数据，你能得出什么结论?

② 总结三相电路功率的测量方法。

3.11 三相异步电动机的直接启动和正反转控制

3.11.1 实验目的

① 读懂三相异步电动机铭牌数据和定子三相绕组6根引出线在接线盒中的排列方式。

② 学习三相异步电动机定子绕组的接线方式。

③ 掌握三相异步电动机直接启动和正、反转控制电路的工作原理及接线方法。

3.11.2 预习要求

① 复习三相异步电动机的工作原理。

② 预习复式按钮、交流接触器和热继电器等几种常用控制电器的结构及其接线方法。

③ 预习三相异步电动机直接启动和正、反转控制电路的工作原理及接线方法。

3.11.3 实验器材

① 笼式三相异步电动机：1台。

② 热继电器：1个。

③ 交流接触器：2个。

④ 自耦调压器：1台。

⑤ 万用表：1块。

⑥ 复式按钮：5个。

⑦ 实验线路板或实验箱：1个。

3.11.4 实验原理

(1) 三相异步电动机直接启动　由继电器、交流接触器和复式按钮等控制电器实现对电动机的控制，称为继电接触器控制。

笼式三相异步电动机的直接启动控制线路是最基本的控制电路，如图 3.11.1 所示。

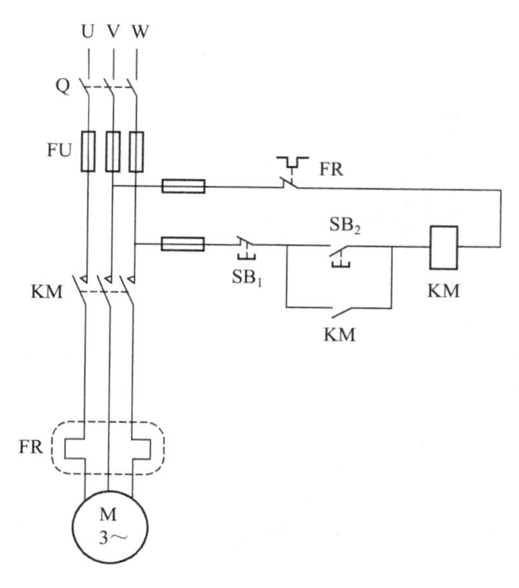

图 3.11.1 三相异步电动机直接启动原理图

该线路在实现对电动机的启、停控制的同时还具有短路保护、过载保护和零压保护作用，该线路是设计电动机控制线路的基础，其他各种功能的控制线路都可由其演变出来。

(2) 三相异步电动机接触器联锁的正、反转控制 接触器联锁的正、反转控制电路原理如图 3.11.2 所示。控制电路有三个按钮：停止按钮 SB_1、正转按钮 SB_F、反转按钮 SB_R。

三相笼式电机转动方向取决于定子旋转磁场的转向，而旋转磁场的方向与定子绕组上三相电源的相序有关。将连于电动机定子绕组的三根电源线中的任意两根对调位置便可改变电源相序，从而实现电机转向的改变。在图 3.11.2 中，当正转接触器 KM_F 的三副主触头接通时，三相电源的相序按 U-V-W 接入电动机，电动机正转。而当反转接触器 KM_R 的三副主触头接通时，三相电源的相序按 U-W-V 接入电动机，电动机反转。故当两个接触器分别工作时，电动机分别按正、反两个方向转动。

对正反转控制电路的要求是：正反转接触器不能同时通电。否则它们的主触头同时闭合，将造成所接两根电源线短路。为防止电源短路，必须增加触发器的联锁环节。在两个线圈各自的控制回路中相互串联了对方的一副动断辅助触头，起到联锁或互锁的作用，以保证两个接触器不会同时通电吸合，避免两个接触器同时工作造成电源短路。

① 正转控制 按正转按钮 SB_F，正转接触器 KM_F 线圈通电，KM_F 主触头闭合，电动机正转；KM_F 自锁常开触头闭合；KM_F 联锁常闭触头闭合，即使松开按钮 SB_F，线圈 KM_F 仍通电；KM_F 联锁常闭触头断开使反转接触器 KM_R 线圈断电。

② 反转控制

a. 先停转。按停止按钮 SB_1，正转接触器 KM_F 线圈断电，KM_F 主触头断开，电动机停转；KM_F 自锁常开触头断开，KM_F 联锁常闭触头闭合，为反转接触器 KM_R 线圈通电作

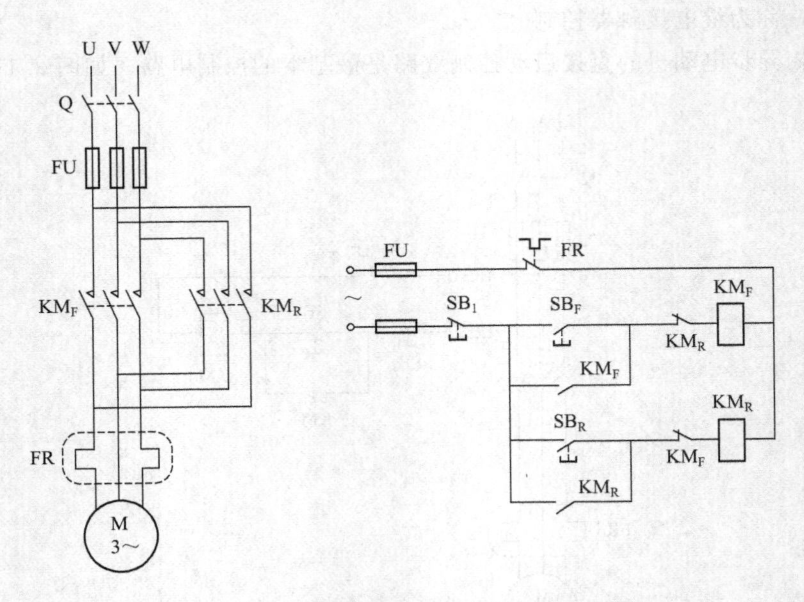

图 3.11.2　三相异步电动机正反转控制原理图

好准备。

b. 再反转。按反转按钮 SB_R，反转接触器 KM_R 线圈通电，KM_R 主触头闭合，电动机反转；KM_R 自锁常开触头闭合，即使松开按钮 SB_R，线圈 KM_R 仍通电；KM_R 联锁常闭触头断开，使正转接触器 KM_F 线圈断电。

(3) 三相异步电动机由复式按钮组成的正、反转控制　如图 3.11.2 所示电路虽然避免了两个触发器同时工作造成的电源短路，但若误操作同时按下 SB_F 和 SB_R 时，两个接触器有可能瞬间都接通，仍会造成主回路电源发生短路事故。另外，要反转必须先停车，也给操作带来不便。为此通常采用如图 3.11.3 所示的由复式按钮组成的三相异步电动机正、反转

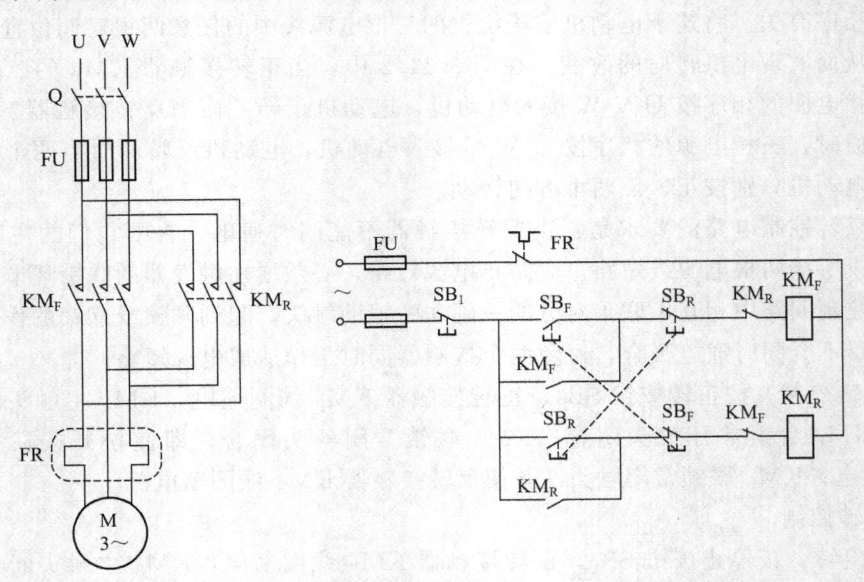

图 3.11.3　带复式按钮的三相异步电动机正反转控制原理图

控制电路。

复式按钮可以将电动机直接由正转经瞬停而反转，不需要按动停止按钮，这给操作上要求电动机频繁正反转的场合带来方便，而且即使同时按动 SB_F 和 SB_R 也不致造成事故。

3.11.5 实验内容

（1）三相异步电动机直接启动

① 用万用表电阻挡检查接触器、热继电器和按钮的触点通断状况是否良好。

② 按图 3.11.1 所示电路接线。先用粗线接好主电路，再用细线连接控制电路，按“先串后并”的方法进行接线，要求在任一连接点上不超过两根导线以保证接线的牢靠和安全。

③ 断开电源开关，按照先主回路后控制电路的顺序依次检查电路。先检查主电路，可用螺丝刀按下 KM 的铁芯，使其主触头闭合，用万用表电阻挡分别测量星形定子绕组中的二相绕组电阻值，三次测得的值应非常接近。若有短路或开路的情况，可检查主触头是否接触不良或接线错误。然后检查控制电路，用万用表电阻挡测控制电路电源两端，应为开路状态；按下 SB_2，万用表显示的阻值应该等于 KM 的线圈电阻值。检查无误，合闸通电。

④ 不接 KM 的自锁触点，按下 SB_2 进行点动实验。

⑤ 接上 KM 的自锁触点，分别按下 SB_2 和 SB_1 进行直接启动和停车实验。

⑥ 电动机启动后，拉开刀闸开关 Q，使电动机因脱离电源而停转，然后重新接通电源，不按启动按钮 SB_2，观察电动机是否会自行启动。检验线路是否具有失压保护作用。

⑦ 在切断电源的情况下，将连接电动机定子绕组的三根电源线中任意两根的一头对调，再闭合开关 Q，重新启动电动机，观察电动机转向的改变。

（2）三相异步电动机的正、反转控制

① 按图 3.11.2 所示电路接线，检查主电路和控制电路，接通电源。

② 按下正转按钮 SB_F 观察电动机转向并设定此方向为正转，再按下反转按钮 SB_R 观察电动机能否反转；然后按下停止按钮 SB_1，再按下反转按钮 SB_R 观察电动机能否反转。

③ 按图 3.11.3 所示电路将正、反转复式按钮的常闭触点分别串入对方回路。按下正转按钮 SB_F 观察电动机能否正转；直接按下反转按钮 SB_R 观察电动机能否反转。

3.11.6 实验注意事项

① 实验中注意用电及人身安全，连线、改线和拆线都要在断电情况下进行。

② 进行电动机启、停实验时，切勿频繁操作，以避免接触器触头因频繁动作而烧蚀。

③ 电动机运转时切勿触碰转动部分，以免刮伤。

3.11.7 思考题

① 为什么在电动机正反转控制电路中必须保证两只接触器不能同时工作？可采取什么措施加以保证？复式按钮控制电路中两个联锁用的常闭辅助触点可否去掉不接？

② 热继电器用于过载保护，它是否也能用于短路保护？为什么？

③ 在电动机直接启动控制实验中，合上电源刀闸后没有按动启动按钮，电动机就自行转动起来，并且按下停车按钮后无法停车，可能是什么原因造成的？

3.11.8 实验报告要求

① 简述各实验步骤中电动机的工作过程。

② 写出各实验步骤中电动机的运行结果。

③ 总结实验中出现的问题及故障现象，写出心得体会。

第4章　电子技术基础实验

4.1　单管共射放大电路实验

4.1.1　实验目的

① 学会如何设置放大器的静态工作点及其调整方法。
② 掌握放大器电压放大倍数、输入电阻、输出电阻及最大不失真输出电压的测试方法。
③ 学会分析静态工作点对放大器性能的影响。

4.1.2　预习要求

① 复习理论课中所学习的由单个三极管构成的基本共射放大电路的工作原理。
② 根据电路参数估算出电路的静态工作点及电压放大倍数、输入电阻、输出电阻。
③ 复习万用表、函数发生器、示波器、交流毫伏表的使用方法。
④ 预习本次实验中各项实验要求与步骤，明确各实验步骤中的已知条件和操作要求。

4.1.3　实验器材

① 数字万用表：1块。
② 交流毫伏表：1台。
③ 双踪示波器：1台。
④ 函数信号发生器：1台。
⑤ 模拟实验箱：1个。
⑥ 680kΩ 电位器：1个。
⑦ 三极管：1个。

⑧ 电阻、电解电容、导线：若干。

4.1.4 实验原理

图 4.1.1 为分压式工作点稳定的单管共射放大电路实验电路图。它的偏置电路采用 $R_{B1}=R_P+R_{b1}$ 和 R_{b2} 组成的分压电路，在发射极中接有电阻，用来稳定放大电路的静态工作点。当流过电阻 R_{B1} 和 R_{b2} 的电流远大于晶体管 VT 的基极电流 I_B 时，电路的静态工作点可以用下式估算。

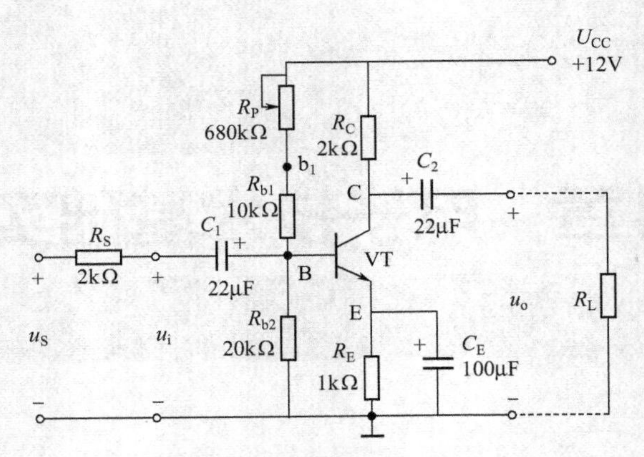

图 4.1.1 单管共射放大电路

$$U_{BQ}=\frac{R_{b2}}{R_{B1}+R_{b2}}U_{CC} \tag{4.1.1}$$

$$U_{EQ}=U_{BQ}-U_{BE} \tag{4.1.2}$$

$$I_{CQ}\approx I_{EQ}=\frac{U_{EQ}}{R_E} \tag{4.1.3}$$

$$I_{BQ}=\frac{I_{CQ}}{\beta} \tag{4.1.4}$$

$$U_{CEQ}=U_{CC}-I_{CQ}R_C-I_{EQ}R_E \tag{4.1.5}$$

电路的电压放大倍数

$$A_u=-\beta\frac{R_C//R_L}{r_{be}} \tag{4.1.6}$$

电路的输入电阻

$$R_i=R_{B1}//R_{b2}//r_{be} \tag{4.1.7}$$

电路的输出电阻

$$R_o\approx R_C \tag{4.1.8}$$

(1) 放大电路静态工作点的调试与测量　放大器的静态工作点的设置与调整是十分重要的，静态工作点的合理设置能使放大器工作稳定可靠。如果静态工作点偏高，放大器在加入交流信号后，输入信号正的半周靠近峰值的某段时间内，晶体管进入了饱和区，导致集电极动态电流 i_C 产生顶部失真，集电极负载电阻 R_C 上的电压波形随之产生同样的失真。由于输出电

压 u_o 与 R_C 上的电压的变化相位相反，因此导致输出的电压产生底部失真，也就是削底现象，即饱和失真，如图 4.1.2(a) 所示，当静态工作点偏低，容易产生顶部失真，即截止失真，截止失真不如饱和失真明显，在示波器上显示为缩顶的波形，如图 4.1.2(b) 所示。当然，即使静态工作点稍微有些偏高或偏低，如果输入信号较小的话，也不能产生失真现象。

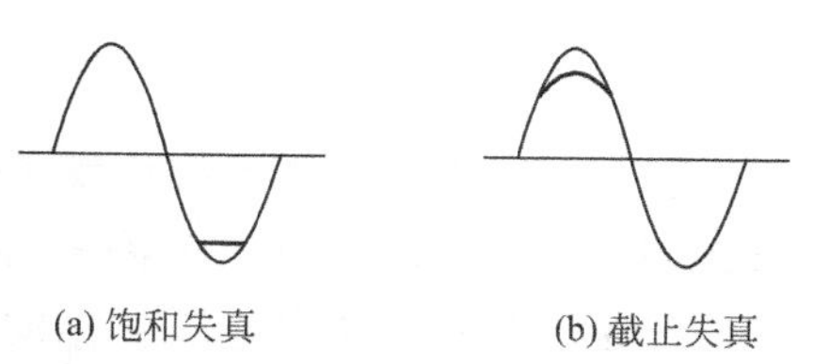

图 4.1.2　静态工作点不合理的输出失真波形

在正式测量静态工作点之前要先对电路的静态值进行调试，描述静态工作点的参数是 I_{CQ}、U_{CEQ} 和 I_{BQ}，这些参数是在输入信号 $u_i=0$ 的情况下测得的，因此先将放大器的输入端对地短路。为了在调试的过程中不断开电路，采用测量电位的方法进行调试电路的静态工作点，用计算的方法求出静态工作点的参数。例如用万用表分别测出 U_{CQ}、U_{EQ} 的值，然后利用 $U_{CEQ}=U_{CQ}-U_{EQ}$ 计算出 U_{CEQ} 的值。

（2）放大电路动态性能指标的测试　单管共射放大电路对交流信号起着反向放大的作用，如图 4.1.3 所示。放大器的交流性能指标包括电压放大倍数、输入电阻、输出电阻、通频带、最大不失真电压等参数。

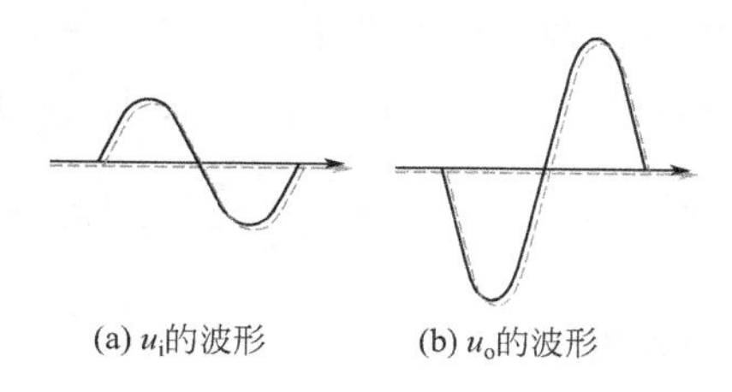

图 4.1.3　输入和输出信号的正常波形

① 电压放大倍数 A_u 的测量　电压放大倍数是直接衡量放大器放大能力的重要指标。放大器的静态工作点调整好之后，断开输入端与地的连接线，输入交流信号 u_S，放大器输入端产生一个电压 u_i，然后用示波器观察在 u_o 的波形，在 u_o 不失真的情况下，用交流毫伏表分别测出 u_i、u_o 的有效值 U_i 和 U_o，将 U_i 和 U_o 的值代入式(4.1.9)，则可得到电压放大倍数：

$$A_u=\frac{U_o}{U_i} \tag{4.1.9}$$

② 输入电阻 R_i 的测量　放大器输入电阻的大小反映放大器消耗前级信号功率的大小，是放大器的重要指标之一。测试原理如图 4.1.4 所示。在放大器的输入回路中串联一个已知电 R_S，加入交流信号后 u_S。

则

$$R_i=\frac{U_i}{U_S-U_i}R_S \tag{4.1.10}$$

图 4.1.4　输入电阻的测量电路

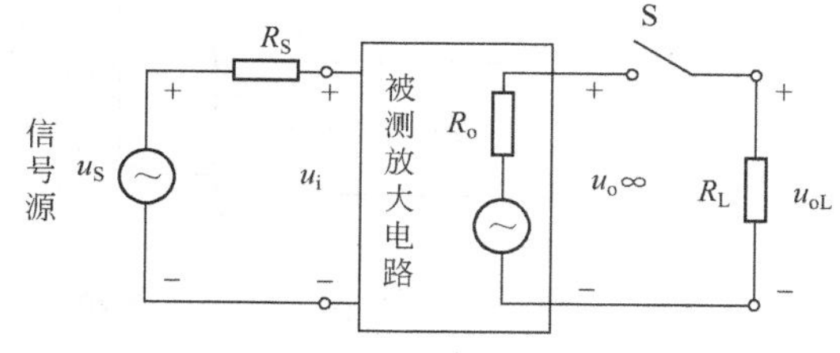

图 4.1.5　输出电阻的测量电路

③ 输出电阻 R_o 的测量　放大器的输出电阻的大小反映了放大器带负载的能力。当放大器与负载连接时，对负载来说，放大器就相当于一个信号源，而这个信号源的内阻 R_o 就是放大器的输出电阻。R_o 越小，放大器输出等效电路就越接近恒压源，带负载能力越强。

放大器输出电阻的测量电路如图 4.1.5 所示。

$$R_o=\left(\frac{U_{o\infty}}{U_{oL}}-1\right)R_L \tag{4.1.11}$$

式中，$U_{o\infty}$是放大器不接负载（S断开时，$R_L=\infty$）时测得的输出端电压值；U_{oL}是接入负载（S闭合时，$R_L\neq\infty$）时测得的输出端电压值。

④ 最大不失真输出电压U_{opp}的测量　在放大器正常工作情况下，逐渐增大输入信号的幅度，同时调节电位器R_P，用示波器观察u_o的波形，当u_o同时出现削底和缩顶现象时，减小u_S时，输出信号u_o上下失真又同时消失，说明静态工作点Q是比较合适的，然后反复微微调节输入信号和电位器R_P，使输出信号的幅度最大，且波形上下均处于临界失真，此时用交流毫伏表测出输出电压的有效值U_{om}，即为最大不失真输出电压，且$U_{opp}=2\sqrt{2}U_{om}$。

4.1.5 实验内容及步骤

(1) 静态工作点的测量　按图4.1.1连接线路，不接负载（$R_L=\infty$），输入端对地短路（$u_i=0$），检测无误后接通电源。将万用表的选至合适的挡位，调节电位器R_P使$U_{CQ}\approx 8V$（即$U_{CEQ}=U_{CQ}-U_{EQ}\approx U_{CC}/2=6V$）左右即可，然后分别测出$U_{EQ}$、$U_{BQ}$、$U_{b1}$、$U_{CQ}$的值，用计算的方法求出静态工作点的其他参数。可分别根据$I_{CQ}=\frac{U_{CC}-U_{CQ}}{R_C}$，$I_{BQ}=\frac{U_{b1}-U_{BQ}}{R_{b1}}-\frac{U_{BQ}}{R_{b2}}$，$\beta=\frac{I_{CQ}}{I_{BQ}}$计算出$I_{CQ}$、$I_{BQ}$、$\beta$的数值，记入表4.1.1中。

表4.1.1　静态工作点

测量值					计算值		
U_{CEQ}/V	U_{EQ}/V	U_{CQ}/V	U_{BQ}/V	U_{b1}/V	I_{CQ}/mA	I_{BQ}/μA	β

(2) 电压放大倍数A_u的测量　参照图4.1.6所示各仪器与实验电路的连接方式进行动态测试。

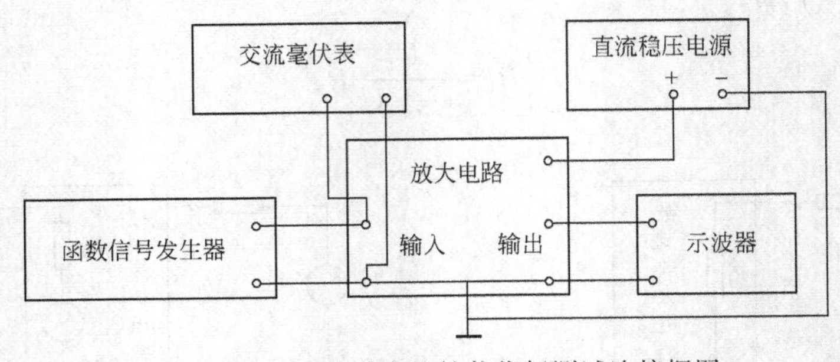

图4.1.6　放大电路交流性能指标测试连接框图

① 观察输入信号u_i和输出信号u_o的波形。将放大器的输入端与地断开，调节函数信号发生器，使之输出频率$f=1kHz$、有效值为20mV左右的正弦波信号，并将此信号接入放大器输入端（u_S两端），如图4.1.1所示。用示波器测量放大器的输出端（u_o两端），观察输出信号波形，若不失真，再用示波器的另一通道测量输入信号u_i的波形，将所观察到的波形在同一个坐标中记录下来；若u_o的波形失真，适当减小u_S的大小，直至u_o的波形

不失真。

② 改变不同的 R_L 和 R_C 的值，用交流毫伏表分别测量 u_S、u_i、u_o 的有效值 U_S、U_i、U_o 的大小，根据式(4.1.9) 计算 A_u 的值，填入表 4.1.2。

表 4.1.2　电压放大倍数、输入电阻、输出电阻

R_L/kΩ	R_C/kΩ	U_S/mV	U_i/mV	U_o/V	A_u	R_i/kΩ	R_o/kΩ
∞	2						
∞	3						
5.1	2						

(3) 输入电阻 R_i 和输出电阻 R_o 的测量　利用表 4.1.2 中所测出的数据，根据式(4.1.10) 计算出输入电阻 R_i；取 $R_C=2\text{k}\Omega$，根据式(4.1.11) 计算输出电阻 R_o 的大小，填入表 4.1.2 中。

(4) 测量最大不失真输出电压 U_{opp}　取 $R_C=2\text{k}\Omega$，$R_L=\infty$，同时调节信号源 u_S 和电位器 R_P，用示波器观察到最大不失真输出电压的波形，此时用交流毫伏表测量输出和输入信号（即 U_{om}、U_{im}）的值，计算出 U_{opp}的值，记入表 4.1.3 中。

表 4.1.3　最大不失真电压

U_{im}/mV	U_{om}/V	U_{opp}/V

(5) 观察静态工作点对输出波形失真的影响

① 在步骤 (4) 的基础上，不改变信号 u_i 的大小，缓慢地减小 R_P 的值，同时用示波器观察输出信号 u_o 的波形变化，当出现失真波形时记录下来，测量并记录此时的静态工作点的情况，填入表 4.1.4。

② 缓慢地增大 R_P 的值，同时用示波器观察输出信号的波形变化，当出现失真波形时记录下来，测量并记录此时的静态工作点的情况，记入表 4.1.4。

表 4.1.4　静态工作点对输出信号的影响

R_P	U_{CE}/V	输出信号 u_o 的波形	判断失真的类型
减小			
增大			

4.1.6　实验注意事项

① 在输出信号不失真的前提下测量交流性能指标。

② 直流电源、示波器、信号发生器、交流毫伏表及实验线路要共地。

4.1.7　思考题

① 静态工作点的变化对放大器输出信号的波形有何影响?

② 电路中 R_L 和 R_C 对电压放大倍数 A_u 有什么影响?

4.1.8　实验报告要求

① 学生要按时独立完成实验报告。

② 整理实验数据，将实验值与理论值进行比较，分析误差产生的原因。

4.2 射极输出器

4.2.1 实验目的

① 进一步学习放大器各项参数的测试方法。

② 掌握射极输出器的特性及测量方法。

4.2.2 预习要求

① 复习射极输出器的工作原理及特性。

② 进一步熟悉各种仪器的使用。

4.2.3 实验器材

① 数字万用表：1 块。

② 交流毫伏表：1 台。

③ 双踪示波器：1 台。

④ 函数信号发生器：1 台。

⑤ 模拟实验箱：1 个。

⑥ 电位器：1 个。

⑦ 三极管：1 个。

⑧ 电阻、电解电容：若干。

4.2.4 实验原理

图 4.2.1 所示为共集电极放大电路，输出取自发射极，故称射极输出器，由于其放大倍数近似等于1，输出信号和输入信号近似相等，又称其为射极跟随器。射极输出器主要有以下特点：

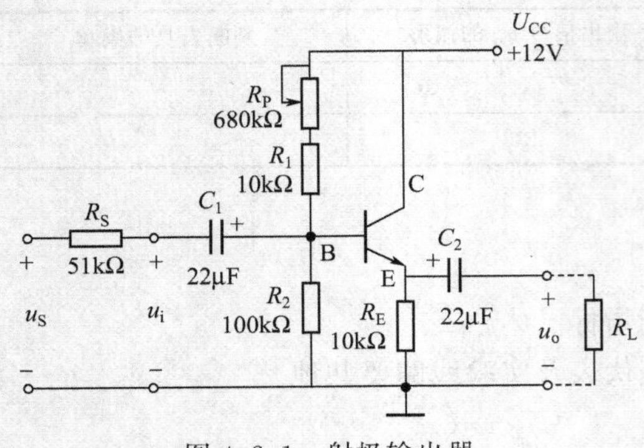

图 4.2.1　射极输出器

(1) 电压放大倍数近似等于 1 但略小于 1。

根据图 4.2.1 所示电路可知

$$A_u=\frac{(1+\beta)(R_E//R_L)}{r_{be}+(1+\beta)(R_E//R_L)}<1 \quad (4.2.1)$$

r_{be} 远远小于 $(1+\beta)(R_E//R_L)$，因此 $A_u\approx 1$。但是它的发射极电流仍然比基极电流大，是基极电流的 $(1+\beta)$ 倍，所以它具有一定的电流放大和功率放大作用。

(2) 输入电阻 R_i 较大（与共射放大电路相比）。

若不接负载电阻 R_L

$$R_i=(R_P+R_1)/\!/R_2/\!/[r_{be}+(1+\beta)R_E] \quad (4.2.2)$$

接入负载电阻 R_L 后

$$R_i=(R_P+R_1)//R_2//[r_{be}+(1+\beta)(R_E//R_L)] \tag{4.2.3}$$

由式(4.2.2)和式(4.2.3)可知，射极输出器的输入电阻与负载电阻有一定的关系，且比单管共射放大电路的输入电阻高。输入电阻的测试方法与共射放大电路相同，实验线路可参考图4.1.4，根据

$$R_i=\frac{U_i}{U_S-U_i}R_S \tag{4.2.4}$$

即可求出 R_i

(3) 输出电阻 R_o 较小（与共射放大电路相比）。

不考虑信号源内阻 R_S 时，

$$R_o=\frac{(R_P+R_1)//R_2+r_{be}}{1+\beta}//R_E \tag{4.2.5}$$

如果考虑信号源内阻 R_S，则

$$R_o=\frac{(R_P+R_1)//R_2//R_S+r_{be}}{1+\beta}//R_E \tag{4.2.6}$$

由式(4.2.5)和式(4.2.6)可知，射极输出器的输出电阻 R_o 比单管共射放大电路的输出电阻小，且三极管的 β 越高，输出电阻 R_o 越小。输出电阻的测试方法与共射放大电路相同，实验线路可参考图4.1.5，先测出空载时输出的电压 $U_{o\infty}$，再测出接入负载 R_L 后的输出电压 U_{oL}，根据

$$R_o=\left(\frac{U_{o\infty}}{U_{oL}}-1\right)R_L \tag{4.2.7}$$

即可以求出 R_o。

4.2.5 实验内容与步骤

(1) 静态工作点的调节与测试　按图4.2.1接线，不接负载电阻 R_L，检查无误后，接通直流电源。调节函数发生器，使其输出一个1kHz，有效值为100mV左右的正弦波信号，将其接至放大器的输入端（u_S 两端），用示波器观察 u_o 的波形，调节电位器 R_P，同时增大输入信号的幅度，使在示波器的屏幕上得到一个最大不失真输出电压波形，此时去掉输入信号 u_S，将 $u_i=0$，用万用表的直流电压挡测量晶体管各极的电位值，并计算 $I_{CQ}\approx I_E=U_{EQ}/R_E$ 及 $U_{CEQ}=U_{CQ}-U_{EQ}$ 的值，记录在表4.2.1中。在以下的测试过程中保持 R_P 的值不变。

表4.2.1　静态工作点

测量值			计算值	
U_{BQ}/V	U_{CQ}/V	U_{EQ}/V	I_{CQ}/mA	U_{CEQ}/V

(2) 测量电压放大倍数 A_u　接入负载电阻 $R_L=2\text{k}\Omega$，在 u_S 两端输入1kHz的正弦信号，改变输入信号的有效值，用示波器观察输出信号 u_o 的波形，在 u_o 不失真的前提下，用交流毫伏表测量三组不同的 u_S、u_i 和 u_o 的有效值 U_S、U_i、U_o，并计算 $A_u=U_o/U_i$ 及 A_u 的平均值，记录在表4.2.2中。

表 4.2.2 电压放大倍数 A_u、输入电阻 R_i

测量值				计算值			
项目	U_S/mV	U_i/mV	U_o/mV	A_u	R_i/kΩ	A_u 的平均值	R_i 的平均值/kΩ
1							
2							
3							

(3) 测量输入电阻 R_i 参照图 4.2.1，利用表 4.2.2 中所测数据，根据式(4.2.4) 计算出 R_i 的值，计算出 R_i 的平均值，记录在表 4.2.2 中。

(4) 测量输出电阻 R_o 在 u_S 两端输入 1kHz、有效值为分别 100mV、300mV 左右的正弦信号，用示波器观察输出信号 u_o 的波形，若不失真（若失真，适当减小 u_S 的有效值)，用交流毫伏表分别测出 $R_L=2k\Omega$ 输出电压 U_{oL} 和空载（$R_L=\infty$）时的输出电压 $U_{o\infty}$，根据式(4.2.7) 计算 R_o 的值，计算出 R_o 的平均值，将数据记录在表 4.2.3 中。

表 4.2.3 输出电阻 R_o

测量值			计算值	
U_S/mV	$U_{o\infty}$/mV	U_{oL}/mV	R_o/Ω	R_o 的平均值/Ω

4.2.6 实验注意事项

① 测量数据时一定要在输出信号波形不失真的前提下进行。

② 计算结果要保留 3 位有效数字。

③ 静态工作点调好之后，不要改变电位器 R_P。

4.2.7 思考题

射极输出器和共射放大电路有什么区别?

4.2.8 实验报告要求

① 报告中要有计算过程。

② 总结射极输出器的特点。

4.3 负反馈放大电路

4.3.1 实验目的

① 加深理解负反馈放大器的工作原理。

② 研究负反馈对放大器性能的影响。

③ 掌握负反馈放大器性能指标的测试方法。

4.3.2　预习要求

① 复习教材中关于负反馈的基本概念，掌握判断放大电路中是否存在反馈及判断反馈类型的方法。

② 熟悉电压串联负反馈放大器的工作原理及其对放大电路中性能的影响。

③ 估算实验负反馈放大器的输入电阻、输出电阻及其电压放大倍数（取 $\beta=120$）。

4.3.3　实验器材

① 数字万用表：1 块。

② 交流毫伏表：1 块。

③ 双踪示波器：1 台。

④ 函数信号发生器：1 台。

⑤ 模拟实验箱：1 个。

⑥ 电阻、三极管、电容：若干。

4.3.4　实验原理

图 4.3.1 为带有负反馈的两级阻容耦合放大电路，在电路中通过 R_f 把输出电压 u_o 引回到输入端，加在晶体管 VT_1 的发射极上，在发射极电阻 R_4 上形成反馈电压 u_f，根据反馈网络从基本放大器输出端取样方式的不同，可知它属于电压串联负反馈。电压串联负反馈对放大器性能的影响主要有以下 5 点。

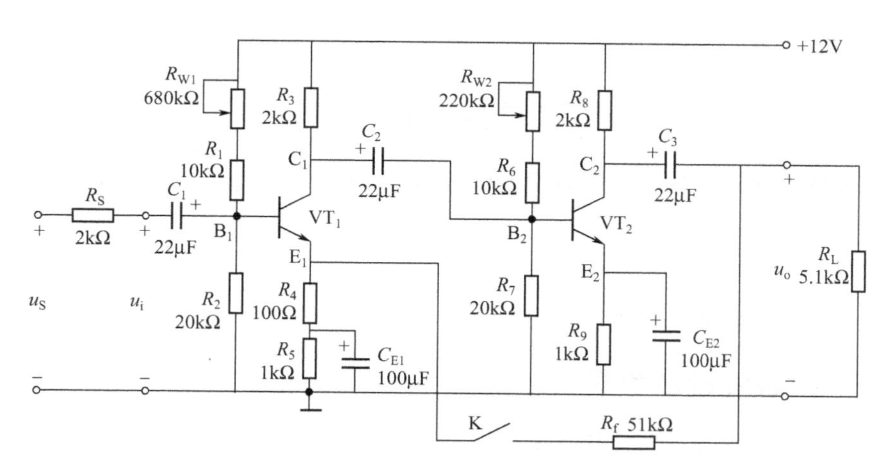

图 4.3.1　负反馈放大电路

（1）负反馈使放大器的电压放大倍数降低。

A_{uf}的表达式为

$$A_{uf}=\frac{A_u}{1+A_uF_u} \tag{4.3.1}$$

其中 F_u 是反馈系数

$$F_u=\frac{R_4}{R_4+R_f} \tag{4.3.2}$$

从式(4.3.2)中可见，加上负反馈后，A_{uf}降低到A_u的$1/(1+A_uF_u)$，并且$|1+A_uF_u|$愈大，放大倍数降低愈多。深度反馈时

$$A_{uf}=\frac{1}{F_u} \tag{4.3.3}$$

(2) 负反馈改变放大器的输入电阻与输出电阻。

负反馈对放大器输入阻抗和输出阻抗的影响比较复杂。不同的反馈形式，对阻抗的影响不一样。一般来说，并联负反馈能降低输入阻抗，而串联负反馈则能提高输入阻抗；电压负反馈使输出阻抗降低，电流负反馈使输出阻抗升高。对图4.3.1所示电压串联负反馈电路：

输入电阻
$$R_{if}=(1+A_uF_u)R_i \tag{4.3.4}$$

输出电阻
$$R_{of}=\frac{1}{1+A_uF_u}R_o \tag{4.3.5}$$

(3) 负反馈扩展了放大器的通频带。

引入负反馈后，放大器的上限截止频率与下限截止频率的表达式分别为：

上限截止频率
$$f_{Hf}=(1+A_uF_u)f_H \tag{4.3.6}$$

下限截止频率
$$f_{Lf}=\frac{1}{1+A_uF_u}f_L \tag{4.3.7}$$

$$BW=f_{Hf}-f_{Lf}\approx f_{Hf}(\text{通常 } f_{Hf}\gg f_{Lf}) \tag{4.3.8}$$

可见，引入负反馈后，f_{Hf}增大到基本放大电路的$1+A_uF_u$倍，f_{Lf}减小到基本放大电路的$1/(1+A_uF_u)$，使通频带加宽，通频带展宽到基本放大电路的$1+A_uF_u$倍。

(4) 负反馈提高了放大倍数的稳定性。

当反馈深度一定时，有

$$\frac{dA_{uf}}{A_{uf}}=\frac{1}{1+A_uF_u}\times\frac{dA_u}{A_u} \tag{4.3.9}$$

可见引入负反馈后，放大器闭环放大倍数A_{uf}的相对变化量$\frac{dA_{uf}}{A_{uf}}$是开环放大倍数的相对变化量$\frac{dA_u}{A_u}$的$1/(1+A_uF_u)$。

(5) 负反馈能改善非线性失真。

4.3.5 实验内容及步骤

如图4.3.1所示连接电路，接入$R_L=5.1\text{k}\Omega$负载。

(1) 调整、测量静态工作点　连接反馈网络R_f，在$u_i=0$的情况下，接通电源，$U_{CC}=12\text{V}$，分别调节R_{W1}、R_{W2}两个电位器，使$U_{C1}\approx7\sim8\text{V}$，$U_{C2}\approx7\sim8\text{V}$。用万用表分别测量第一级、第二级的静态工作点，计算I_{CQ}、U_{CEQ}的值，记入表4.3.1中。

表4.3.1　静态工作点

测量值				计算值	
物理量	U_{BQ}/V	U_{EQ}/V	U_{CQ}/V	U_{CEQ}/V	I_{CQ}/mA
第一级					
第二级					

(2) 测量基本放大器的性能指标　开关K断开，不连接反馈网络 R_f，从 U_S 两端输入 f=1kHz，U_S=2mV左右的正弦波信号，用示波器观察输出信号的波形，若 u_o 不失真（如果 u_o 波形失真，适当减小 u_S 的大小，直至 u_o 不失真），用交流毫伏表分别测 u_S、u_i、$u_{o\infty}$（$R_L=\infty$时的输出电压）及 u_{oL}（R_L=5.1kΩ时的输出电压）的有效值，根据 $A_u=U_o/U_i$ 计算 $A_{u\infty}$、A_{uL}、R_i、R_o 的值，记入表4.3.2中。

表4.3.2　放大电路交流性能指标

测量值					计算值			
物理量	U_S/mV	U_i/mV	U_o		A_u		R_i/kΩ	R_o/kΩ
			$U_{o\infty}$/V	U_{oL}/V	$A_{u\infty}$	A_{uL}		
基本放大电路								
负反馈放大电路								

(3) 测量负反馈放大器的性能指标　开关K闭合，接入反馈网络 R_f，重复步骤(2)，将数据记录在表4.3.2中，并对表中的基本放大器和负反馈放大器的数值进行比较。

(4) 观察负反馈对非线性失真的改善　先接成基本放大器（K断开），输入 f=1kHz的交流信号，使 u_o 出现轻度非线性失真，并记录此时的 u_o 的幅度；然后开关K闭合，接入负反馈电阻 R_f=51kΩ，并增大输入信号，使 u_o 波形达到基本放大器同样的幅度，观察波形的失真程度。

4.3.6　实验注意事项

① 接线尽量短，避免发生自激振荡现象。

② 直流稳压电源、示波器、信号发生器、交流毫伏表及实验线路要共地。

4.3.7　思考题

如果反馈信号取自晶体管 VT_2 的发射极 E_2，所构成的电路属于什么反馈类型，这种反馈对电路有何影响？

4.3.8　实验报告要求

① 整理实验数据，总结电压串联负反馈对放大器性能的影响。

② 实验报告中要体现数据的处理过程。

4.4　集成运算放大器的基本运算电路

4.4.1　实验目的

① 进一步理解集成运算放大电路的基本原理。

② 加深理解集成运算放大器的特点，掌握正负电源的接法。

③ 熟悉集成运算放大器在实际应用时应考虑的一些问题。

④ 掌握由运算放大器组成的比例、加法、减法、积分和微分等基本运算电路的功能。

⑤ 掌握几种基本运算电路的调试和测试方法。

4.4.2 实验预习要求

① 复习集成运算放大器的工作特性及比例运算、加法运算、减法运算的电路组成原理。

② 实验之前完成所有计算值的计算，填写在实验教材相应的栏目及表格中。

③ 了解微分电路和积分电路的工作原理。

4.4.3 实验器材

① 数字万用表：1块。

② 交流毫伏表：1块。

③ 双踪示波器：1台。

④ 函数信号发生器：1台。

⑤ 直流稳压电源：1台。

⑥ 模拟实验箱：1个。

⑦ 集成运放 μA741 芯片：1块。

⑧ 电阻、电容、导线：若干。

4.4.4 实验原理

运算放大器是具有两个输入端、一个输出端的高增益、高输入阻抗、低漂移的直流放大器。在它的输出端和输入端之间加上反馈网络，就可以实现各种不同的电路功能。例如：反馈网络为线性电路时，运算放大器可以实现放大、加、减、微分和积分等运算；反馈网络为非线性电路时，可以实现对数、乘法、除法等运算功能。另外，还可以组成各种波形产生电路，如正弦波、三角波、脉冲波等。集成运算放大器是人们对“理想放大器”的一种实现。一般在分析集成运放的实用性能时，为了方便，通常认为运放是理想的，即具有如下的理想参数：$U_+=U_-$，$I_+=I_-\approx 0$。由于集成运放有两个输入端，因此按输入接入方式不同，可有三种基本放大组态，即反相放大、同相放大和差动放大组态，它们是构成集成运放系统的基本单元。集成运算放大器有许多的型号种类。本实验选用 μA741 芯片，它具有广泛的模拟应用。宽范围的共模电压和无阻塞功能可用于电压跟随器。高增益和宽范围的工作特点在积分器、加法器和一般反馈应用中能使电路具有优良性能。

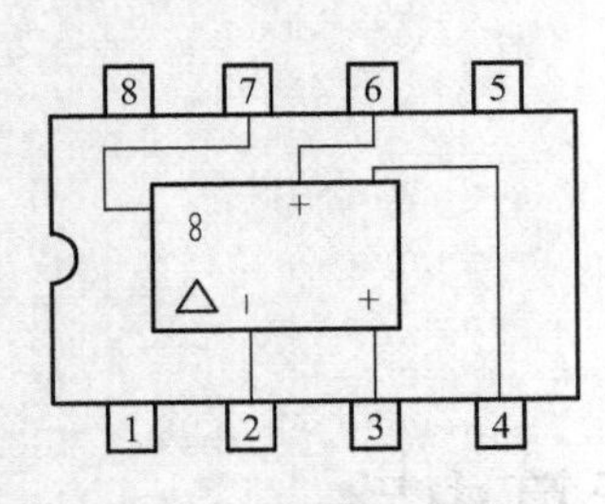

图 4.4.1 μA741 引脚图

μA741 引脚图如图 4.4.1 所示。μA741 有 8 个引脚，其中 2、3 引脚分别为反相输入端和同相输入端，6 引脚为输出端，7 引脚接正电源，4 引脚接负电源，1、5 引脚接调零电路，通常在两端接一个几十千欧的电位器，其滑动端接负电源，8 引脚为空引脚。

(1) 放大器调零 如图 4.4.2 所示，在无输入信号输入时，输出信号幅度应在±10mV 之间。如果输出信号超出±10mV，则需要对电路调零。调节电路中的调零电位器 R_P，使输出 $U_o\approx 0$（$-10\text{mV}\leqslant U_o\leqslant 10\text{mV}$）运放调零后，在后面的实验中均不用再调零。

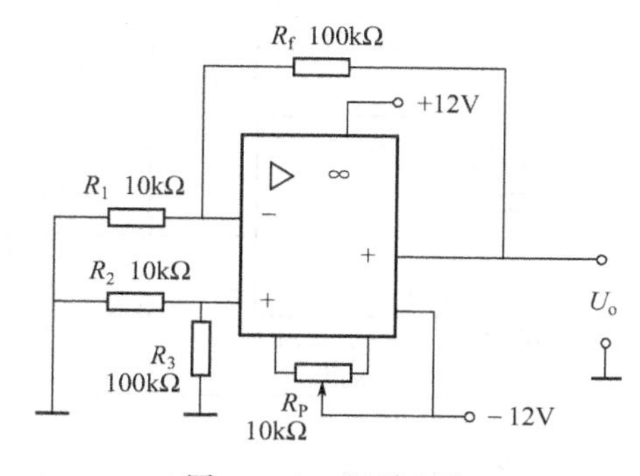

图 4.4.2　调零电路

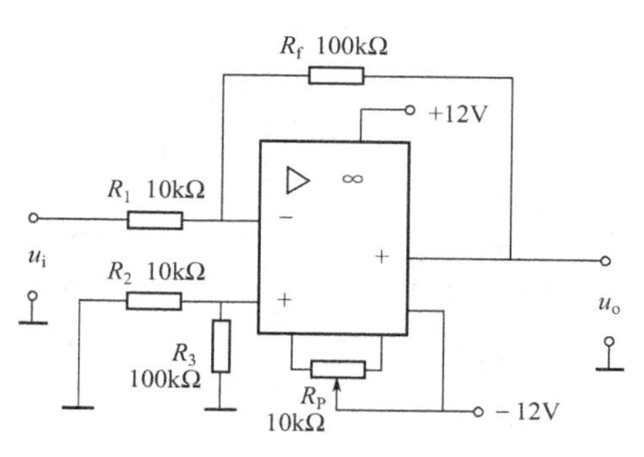

图 4.4.3　反相比例运算电路

（2）反相比例运算电路　如图 4.4.3 所示，反相比例运算电路的运算关系式为

$$\frac{U_o}{U_i}=-\frac{R_f}{R_1} \tag{4.4.1}$$

（3）同相比例运算电路　如图 4.4.4 所示，同相比例运算电路的运算关系式为

$$\frac{U_o}{U_i}=1+\frac{R_f}{R_1} \tag{4.4.2}$$

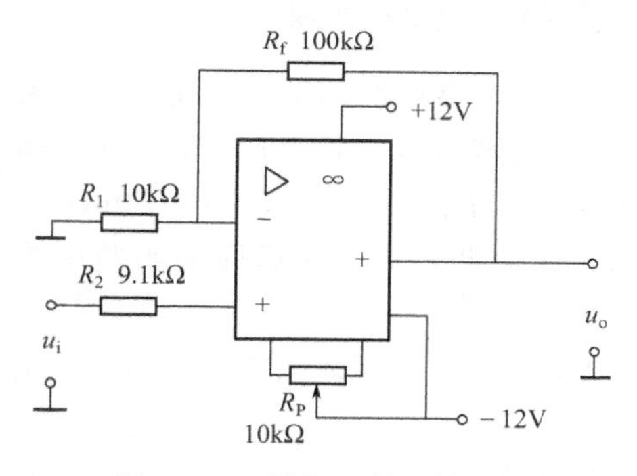

图 4.4.4　同相比例运算电路

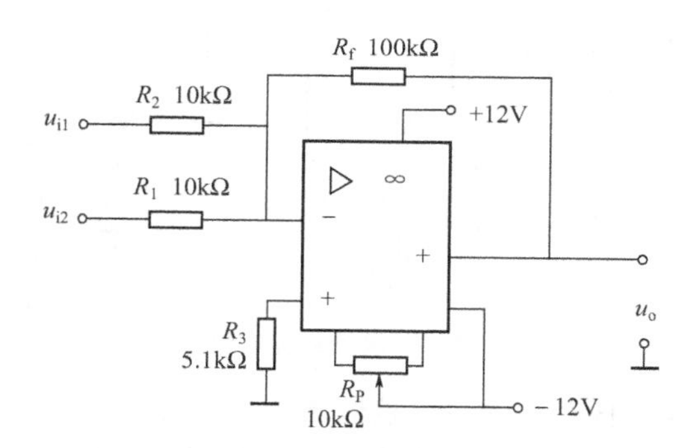

图 4.4.5　反相加法运算电路

（4）反相加法运算电路　如图 4.4.5 所示为反相加法运算电路原理图，反相加法运算关系式为

$$U_f=U_i-\frac{U_i-U_o}{R_1+R_2}R_1 \tag{4.4.3}$$

$$U_o=-\frac{R_f}{R_1}U_{i1}-\frac{R_f}{R_2}U_{i2} \tag{4.4.4}$$

运算中，调节某一路信号的输入电阻时，不会影响其他输入电压与输出电压的比例关系，因而调节方便。若取 $R_1=R_2=R$，则有

$$U_o=-\frac{R_f}{R}(U_{i1}+U_{i2}) \tag{4.4.5}$$

（5）减法运算电路　如图 4.4.6 所示，实际应用中，要求 $R_1=R_2=R$，$R_3=R_f$，且须严格匹配，这样有利于提高放大器的共模抑制比及减小失调。该电路的运算关系为

$$U_o=-\frac{R_f}{R}(U_{i1}-U_{i2}) \tag{4.4.6}$$

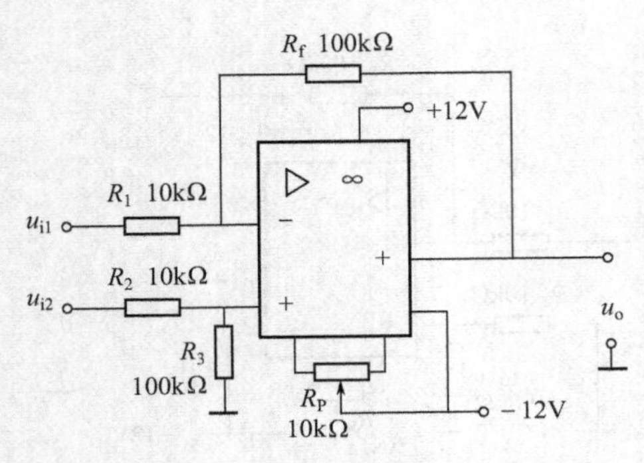

图 4.4.6　减法运算电路

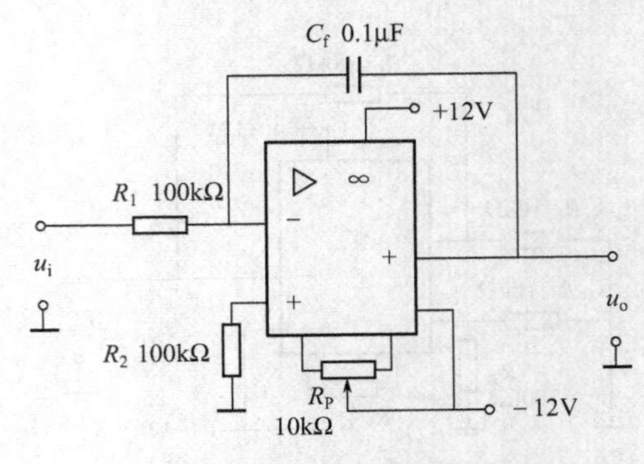

图 4.4.7　积分运算电路

（6）积分运算电路　电路如图 4.4.7 所示，该电路的运算关系为

$$u_o=-\frac{1}{C_f R_1}\int u_i \mathrm{d}t \tag{4.4.7}$$

（7）微分运算电路　电路如图 4.4.8 所示，该电路的运算关系为

$$u_o=-R_f C\frac{\mathrm{d}u_i}{\mathrm{d}t} \tag{4.4.8}$$

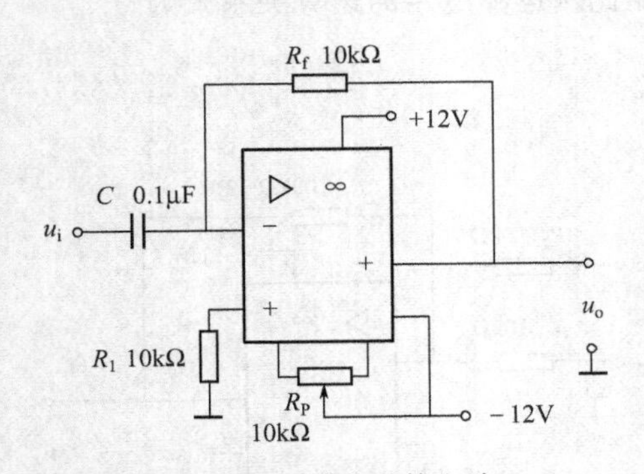

图 4.4.8　微分运算电路

4.4.5　实验内容及步骤

（1）放大器调零　参照图 4.4.2 接线，检查无误后，接通±12V 直流电源。将万用表接至 U_o 两端，缓慢调节电位器 R_P，使 $U_o\approx0$（$-10\text{mV}\leqslant U_o\leqslant+10\text{mV}$）。运放调零后，在后面的实验中均不用再调零。

（2）反相比例运算电路测试　参照图 4.4.3 接线，检查无误后，接通±12V 电源。

① 输入为直流信号　此时输出与输入信号之间的关系式为

$$U_o=-\frac{R_f}{R_1}U_i=-10U_i \tag{4.4.9}$$

输入多个的直流信号（要多给定几个），根据式(4.4.9) 先计算出每个输入信号对应的输出信号 U_o 理论值，记入表 4.4.1 中，再用万用表直流电压挡测量出每个输入信号所对应的输出信号的测量值，注意 $|U_i|<1$，将测量数据填入表 4.4.1 中，比较 U_o 理论值与测量值的差别。

② 输入为交流信号　输入一个 $f=500\text{Hz}$，有效值为 0.2V 的正弦波信号，用双踪示波器同时观察 u_i、u_o 的波形，计算 U_o 理论值，并用交流毫伏表分别测出 u_i、u_o 的有效值，记录在表 4.4.1 中。

表 4.4.1　反相比例运算

项目	输入直流信号							输入交流信号	
U_i/V									波形
U_o 理论值/V									
U_o 实测值/V									

(3) 同相比例运算电路测试

① 输入为直流信号　参照图 4.4.4 接线，检查无误后，接通 ±12V 电源。此时输出与输入信号之间的关系式为

$$U_o=\left(1+\frac{R_f}{R_1}U_i\right)=11U_i \tag{4.4.10}$$

输入多个的直流信号（要多给定几个），根据式(4.4.10) 计算出每个输入信号对应的 U_o 理论值，记入表 4.4.2 中；然后用万用表直流电压挡测量出每个输入信号所对应的输出信号的测量值，注意 $|U_i|<1$，将测量数据填入表 4.4.2 中，比较 U_o 理论值与测量值的差别。

② 输入为交流信号　输入一个 $f=500$Hz，有效值为 0.2V 的正弦波信号，用双踪示波器同时观察 u_i、u_o 的波形，计算 U_o 理论值，并用交流毫伏表分别测出 u_i、u_o 的有效值，记录在表 4.4.2 中。

表 4.4.2　同相比例运算

项目	输入直流信号					输入交流信号	
U_i/V							u_i、u_o 的波形
U_o 理论值/V							
U_o 实测值/V							

(4) 反相加法运算电路测试　参照图 4.4.5 接线，检查无误后，接通 ±12V 电源。此时输出与输入信号之间的关系式为

$$U_o=-\frac{R_f}{R}(U_{i1}+U_{i2})=-10(U_{i1}+U_{i2}) \tag{4.4.11}$$

设置几组不同的输入信号的数值，分别用万用表测量输入直流信号 U_{i1}、U_{i2} 的值，注意 $|U_{i1}+U_{i2}|<1$，然后用导线将 U_{i1}、U_{i2} 连接到电路中，再用万用表测出输出电压 U_o 的值，将实验结果和计算数据记录在表 4.4.3 中。

表 4.4.3　反相加法运算电路

U_{i1}/V							
U_{i2}/V							
U_o 理论值/V							
U_o 实测值/V							

(5) 减法运算电路测试　参照图 4.4.6 接线，其检查无误后，接通 ±12V 电源。此时输出与输入信号之间的关系式为

$$U_o=-\frac{R_f}{R}(U_{i1}-U_{i2})=-10(U_{i1}-U_{i2}) \tag{4.4.12}$$

设置几组不同的输入信号的数值，分别用万用表测量输入直流信号 U_{i1}、U_{i2} 的值，注意 $|U_{i1}-U_{i2}|<1$ 然后用导线将 U_{i1}、U_{i2} 连接到电路中，再用万用表测出输出电压 U_o 的值，将实验结果和计算数据记录在表 4.4.4 中。

表 4.4.4　减法运算电路

U_{i1}/V							
U_{i2}/V							
U_o 理论值/V							
U_o 实测值/V							

（6）积分运算电路测试　参照图 4.4.7 接线，取频率为 100Hz、峰-峰值为 2V 的方波信号作为输入信号 u_i，用示波器同时观察输出和输入信号的波形，做出记录。

（7）微分运算电路测试　参照图 4.4.8 接线，取频率为 100Hz、峰-峰值为 0.5V 的方波信号作为输入信号 u_i，用示波器同时观察输出和输入信号的波形，做出记录。

4.4.6　实验注意事项

① 集成运放的输出端不能接地。

② 放大器的引脚不能接错，尤其是正负电源不能接反，否则容易损坏芯片。

③ 测量时，万用表的黑表笔始终接电路的接地端。

4.4.7　思考题

① 比例运算电路中，如果 U_i 超过 1V，输出会出现什么现象？为什么？

② 比例运算电路中，分析 U_o 理论值与计算值不同的原因。

③ 如果要求实现 $U_o=-2u_{i1}+u_{i2}$，电路应如何设置？画出电路图。选出合适的元件。

4.4.8　实验报告要求

① 整理实验数据并与理论计算值相比较，分析误差产生的原因。

② 报告中要体现出数据的处理过程。

4.5　直流稳压电源

4.5.1　实验目的

① 学习直流电源电路的组成及其工作原理。

② 探究整流、电容滤波电路的特性。

③ 掌握直流稳压电源的主要性能指标的测量方法。

4.5.2　预习要求

① 复习稳压电源的组成和各部分的工作原理。

② 熟悉实验线路，了解 LM317 的各项参数。

4.5.3　实验器材

① 数字万用表：1 块。

② 双踪示波器：1 台。

③ 交流毫伏表：1 块。

④ 直流毫安表：1 块。

⑤ 模拟实验箱：1 个。

⑥ 单相交流电源：14V、16V、18V 各一个。

⑦ 三端集成稳压器 LM317：1 个。

⑧ 电阻、电解电容、二极管：若干。

4.5.4 实验原理

（1）直流稳压电源的组成 直流稳压电源是电子设备中重要的组成部分，为电路提供稳定的直流电源，包括电源变压器、整流电路、滤波电路和稳压电路四个部分，如图 4.5.1 所示。

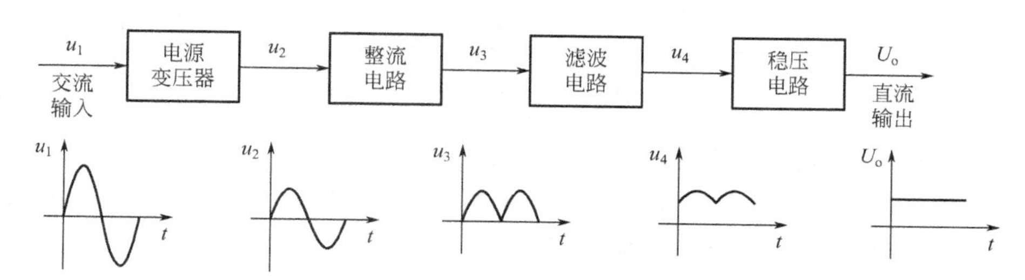

图 4.5.1 直流稳压电源的组成

直流电源的输入为 220V 的电网电压，电源变压器把 220V 交流电变换为整流电路所需的合适的交流电压。

整流电路利用二极管的单向导电性，将交流电压变成单向的脉动电压。整流电路有半波整流、全波整流和桥式整流三种，常用桥式整流电路如图 4.5.2 所示，电路中可以设有毫安表。经过桥式整流后的直流电压为 $U_o \approx 0.9U_2$（U_2 为电源变压器副边电压的有效值，下同）。

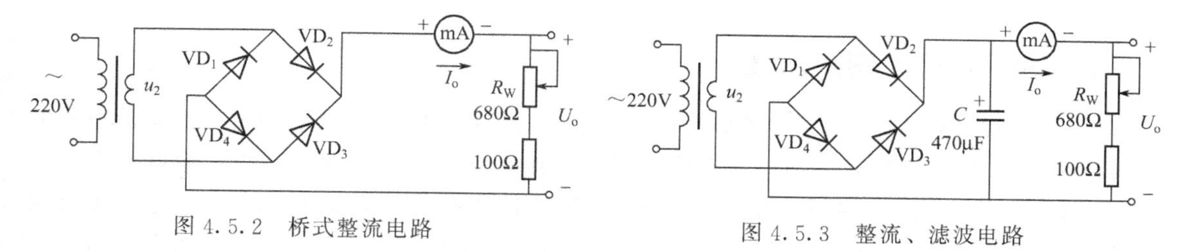

图 4.5.2 桥式整流电路

图 4.5.3 整流、滤波电路

滤波电路利用电容、电感等储能元件，减少整流输出电压中的脉动成分。滤波电路有电容滤波、电感滤波、复式滤波等，电容滤波是比较常见的也是最简单的滤波电路，如图 4.5.3 所示，在整流电路后加上滤波电容组成。为了获得较好的滤波效果，在实际电路中，滤波电容的选择要满足 $R_L C=(3\sim5)T/2$，其中 T 为输入交流电的周期，R_L 为负载电阻（在此电路中 R_L 由 100Ω 电阻与 R_W 串联组成），C 为滤波电容的值。一般情况下，全波或桥式整流电容滤波电路输出电压为 $U_o \approx 1.2U_2$，如图 4.5.3 所示。

稳压电路能使输出的电压保持稳定，有稳压二极管稳压电路、串联型稳压电路、集成稳压电路等形式。集成稳压器输出电压有固定与可调之分。固定电压输出稳压器常见的有

LM78××（CW78××）系列正电压输出三端稳压集成块和LM79 ××（CW79 ××）系列负电压输出三端稳压集成块。可调式三端集成稳压器常见的有LM317（CW317）系列正电压输出稳压集成块和LM337（CW337）系列负电压输出稳压集成块。LM317系列稳压器能在输出电压为1.25～37V的范围内连续可调，外界元件需要一个固定电阻和一个可调电位器。本实验中采用三端可调的LM317稳压器。电路如图4.5.4所示。

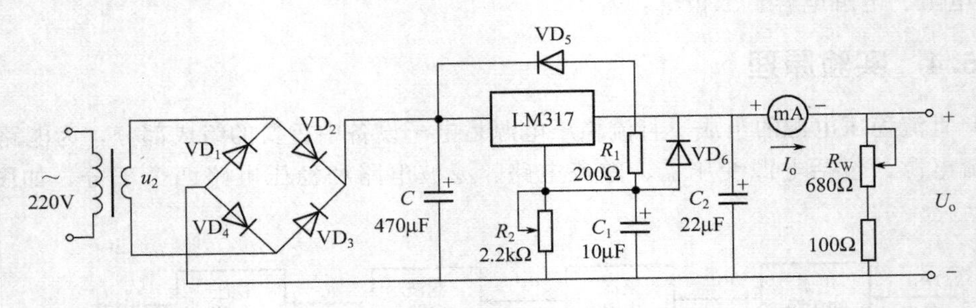

图 4.5.4　整流、滤波、稳压电路

（2）直流稳压电源的主要性能参数及其含义

① 稳压系数 S_r　稳压系数是负载一定（输出电流 I_o 不变）的情况下，电路输出电压相对变化量与输入电压相对变化量之比，即

$$S_r=\left.\frac{\Delta U_o/U_o}{\Delta U_i/U_i}\right|_{R_L=常量}=\left.\frac{U_i}{U_o}\times\frac{\Delta U_o}{\Delta U_i}\right|_{R_L=常量} \tag{4.5.1}$$

S_r 是表示稳压电源稳压性能最重要的指标之一，表明电网电压对电路的影响，其值越小，电网电压变化时输出电压的变化越小。本实验中 $u_i=u_2$，即 $U_i=U_2$。

② 输出电阻 R_o　它是稳压电源的另一个重要指标，表示电源驱动负载的能力接近理想电压源的程度，其值越小越好。输出电阻 R_o 是稳压电路输入电压一定时，输出电压的变化量 ΔU_o 与输出电流变化量 ΔI_o 之比，即

$$R_o=\left.\frac{\Delta U_o}{\Delta I_o}\right|_{U_i=常量} \tag{4.5.2}$$

4.5.5　实验内容及步骤

（1）整流电路测试　参照实验原理图4.5.2，取实验箱中14V交流电源作为整流电路的输入电压 u_2，接好线路并仔细检查，确保电路连接正确，接通电源。调 R_W 使电流表的读数为50mA，用示波器分别测量输入电压 u_2 和整流桥的输出电压 u_o 的波形（注意：不能用双踪示波器同时观察输入与输出波形，否则会短路）。用交流毫伏表测出 u_2 的有效值 U_2，用万用表的直流电压挡测出 U_o 的值，将所测波形及数据填入表4.5.1中。

表 4.5.1　测量输入、输出电压波形及数据

电路类型	输入电压 U_2 实测值/V	输出电压 U_o 的计算值/V	输出电压 U_o 的实测值/V	u_2 的波形	u_o 的波形
整流电路					
整流滤波电路					
整流滤波稳压电路					

（2）整流、滤波电路测试　按图 4.5.3 接线，电容 $C=470\mu F$，其他参数同整流电路，不用调节 R_W，用示波器分别测量输入电压 u_2 和整流桥的输出电压 u_o 的波形。用万用表的直流电压挡测出 U_o 的值，将所测波形及数据填入表 4.5.1 中。

（3）整流、滤波、稳压电路测试　按图 4.5.4 接线，可选 $R_1=200\Omega$，$R_2=2.2k\Omega$，$C_1=10\mu F$，$C_2=22\mu F$，其他同滤波电路，调 R_2 使输出电压为 10V，然后用示波器分别测量输入电压 u_2 和整流桥的输出电压 u_o 的波形。用万用表的直流电压挡测出 U_o 的值，将所测波形及数据记入表 4.5.1 中。

（4）稳压系数 S_r 的测试　在步骤（3）的基础上，将图 4.5.4 中 u_2 变为 16V 的交流电源，其他参数不变，测出 U_i 及 U_o 的值，根据式(4.5.1) 计算出 S_r，记录在表 4.5.2 中。

表 4.5.2　稳压系数 S_r 的测试数据

电源	U_2 实测值/V	U_o 实测值/V	S_r
14V 交流电源			
16V 交流电源			

（5）输出电阻 R_o 的测试　图 4.5.4 中，u_2 接 14V 的交流电源，调 R_2 使输出电压为 10V，然后调节 R_W 使 $I_o=90mA$，测出输出电压 U_o 的值并记录在表 4.5.3 中；再调节 R_W 使 $I_o=60mA$，测出输出电压 U_o 的值并记录，根据式(4.5.2) 计算 R_o 的值，记录在表 4.5.3 中。

表 4.5.3　输出电阻 R_o 的测试数据

I_o 实测值/mA	U_o 实测值/V	R_o
90		
60		

（6）输出电压的调节范围　在步骤（3）的基础上，调节 R_2 的大小，测量输出电压 U_o 的变化范围，自拟表格并作记录。

4.5.6　实验注意事项

① 禁止用双踪示波器同时观察输入、输出波形。

② 整流二极管和滤波电容的两极不能接反，否则会造成元件损坏甚至人员损伤。

③ 要特别注意整流桥 4 个端子的接入，应根据具体实验装置辨别清楚两个交流端和两个直流端，不能接错。

④ 测量 R_o 时，负载电阻不宜过大或过小，要保证稳压管能正常工作。

4.5.7　思考题

① 滤波电容接反会有什么后果？

② 在桥式整流电路中，如果某个二极管短路、开路或接反将会出现什么问题？

4.5.8　实验报告要求

① 整理实验数据，报告中要体现出相关的计算过程。

② 分析整流电路和整流、滤波电路输出电压 U_o 实测值和理论计算值不同的原因。

4.6 TTL 基本门电路逻辑功能测试

4.6.1 实验目的

① 熟悉数字电路实验装置的结构、基本功能和使用方法。

② 掌握集成门电路器件的使用及逻辑功能测试方法。

4.6.2 预习要求

① 复习基本门电路的功能及特性。

② 复习摩根定理的具体内容。

③ 查阅相关集成芯片的管脚分配和工作原理。

4.6.3 实验器材

① 数字实验箱：1 个。

② 74LS00：1 片。

③ 74LS86：1 片。

④ 74LS02：1 片。

⑤ 数字万用表：1 块。

4.6.4 实验原理

在数字电路中，把能实现逻辑运算功能的电路称为门电路。门电路的输入信号与输出信号之间存在一定的逻辑关系，因此门电路又称为逻辑门电路。基本逻辑门电路有与门、或门和非门三种以及由它们组合而成的与非、或非等门电路。各种复杂的数字电路都是由门电路组成的基本逻辑单元构成的。目前常用的门电路都有集成电路产品可供选用。掌握这些集成逻辑门的逻辑功能和电气特性，对于正确使用数字集成电路是十分重要的。

在分析和设计数字系统时，首先要掌握各种集成门电路的逻辑功能。本实验通过常用的与非门、或非门、异或门功能测试来掌握集成门逻辑功能测试的一般方法。在实际使用器件时，对于同样封装形式、具有相同逻辑功能的不同系列产品，因其电气特性不相同，不能简单地将它们互相替换使用，应根据不同的应用场合挑选使用，这就需要掌握逻辑门的外部特性及其相关参数。

本实验中选用 74LS00、74LS02 和 74LS86 来测试与非门、或非门和异或门的逻辑功能测试，引脚图及逻辑符号如图 4.6.1 和图 4.6.2 所示。

与非门的逻辑关系：$Y=\overline{AB}$

或非门的逻辑关系：$Y=\overline{A+B}$

异或门的逻辑关系：$Y=A\oplus B$

摩根定理：$\overline{A+B}=\overline{A}\cdot\overline{B}$，$\overline{A\cdot B}=\overline{A}+\overline{B}$

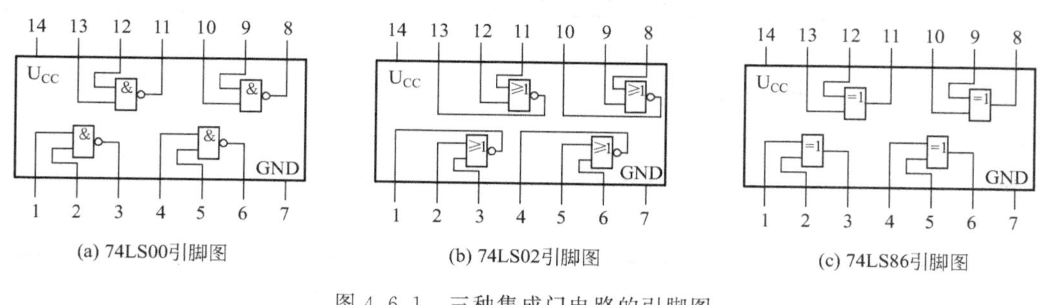

(a) 74LS00引脚图 (b) 74LS02引脚图 (c) 74LS86引脚图

图 4.6.1 三种集成门电路的引脚图

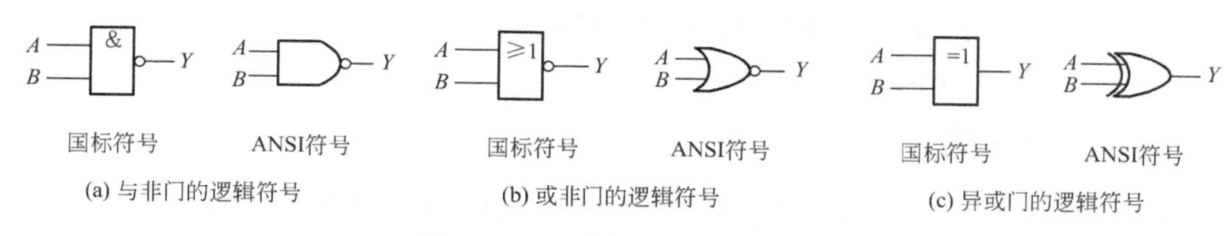

(a) 与非门的逻辑符号 (b) 或非门的逻辑符号 (c) 异或门的逻辑符号

图 4.6.2 三种门电路的逻辑符号

4.6.5 实验内容及步骤

(1) 与非门逻辑功能测试 选四二输入与非门 74LS00 中的一个与非门，按图 4.6.1 接线，14 脚 $U_{CC}=+5V$，7 脚接参考点⊥，A、B 接数字实验箱中的逻辑开关，Y 接逻辑电平指示（发光二极管）。当 A、B 输入不同状态时，测出 Y 的逻辑状态，并用万用表直流电压挡测出 Y 对应的电压值，记录在表 4.6.1 中。

表 4.6.1 门电路逻辑功能测试

输入		与非门输出 Y		或非门输出 Y		异或门输出 Y	
A	B	逻辑状态	电压值	逻辑状态	电压值	逻辑状态	电压值
0	0						
0	1						
1	0						
1	1						

(2) 或非门逻辑功能测试 选四二输入或非门 74LS02 中的一个或非门，按图 4.6.1 接线，重复步骤（1），将所测数据记录在表 4.6.1 中。

(3) 异或门逻辑功能测试 选四二输入异或门 74LS86 中的一个异或门，按图 4.6.1 接线，重复步骤（1），将所测数据记录在表 4.6.1 中。

(4) 逻辑门的转换 分别用与非门完成“或”及“异或”运算，根据摩根定理，将 $Y=A+B$ 和 $Y=A\oplus B$ 转换为与非的逻辑表达式，根据化简的逻辑表达式画出逻辑图并分别接线，将所测数据记录在表 4.6.2 中。

$$Y=A+B=\overline{\overline{A+B}}=\overline{\overline{A}\cdot\overline{B}}$$

$$Y=A\oplus B=\overline{\overline{\overline{A}B}\cdot\overline{A\overline{B}}}$$

表 4.6.2　逻辑门转换测试表

输入		输出	
A	B	$Y=A+B$	$Y=A\oplus B$
0	0		
0	1		
1	0		
1	1		

4.6.6　实验注意事项

① 芯片的电源与接地端不能接反，否则会损坏器件。
② 电路应该在断电的情况下接线。

4.6.7　思考题

① 与非门如果一个输入端接连续脉冲，其余端是什么逻辑状态时允许脉冲通过？
② 与非门和或非门有多余输入端如何处理？

4.6.8　实验报告要求

① 总结各门电路的逻辑功能。
② 整理数据填入表格。

4.7　加法器实验

4.7.1　实验目的

① 掌握半加器和全加器的工作原理和逻辑功能。
② 学会组合逻辑电路的测试方法。

4.7.2　预习要求

复习半加器、全加器的工作原理、逻辑功能。

4.7.3　实验器材

① 数字实验箱：1 个。
② 数字万用表：1 块。
③ 74LS00：1 片。
④ 74LS86：1 片。
⑤ 导线：若干。
⑥ 74LS08：1 片。

4.7.4　实验原理

在数字系统中，两个二进制数之间的算术运算无论是加、减、乘、除，目前在数字计算机中都是化作若干步加法运算进行的。因此，加法器是构成算术运算器的基本单元。

（1）半加器　如果不考虑有来自低位的进位，将两个1位二进制数相加，称为半加。实现半加运算的电路称为半加器。逻辑电路如图4.7.1所示。其中A、B是两个加数，S是相加的和，CO是向高位的进位。半加器的逻辑关系为

$$S=A\oplus B,\ CO=AB$$

（2）全加器　在将两个多位二进制数相加时，除了最低位以外，每一位都应该考虑来自低位的进位，即将两个对应位的加数和来自低位的进位3个数相加。这种运算称为全加，所用的电路称为全加器。逻辑如图4.7.2所示。CI是来自低位的进位。全加器的逻辑关系为：

$$S=A\oplus B\oplus C,\qquad CO=\overline{\overline{CI(A\oplus B)}\cdot\overline{A\cdot B}}$$

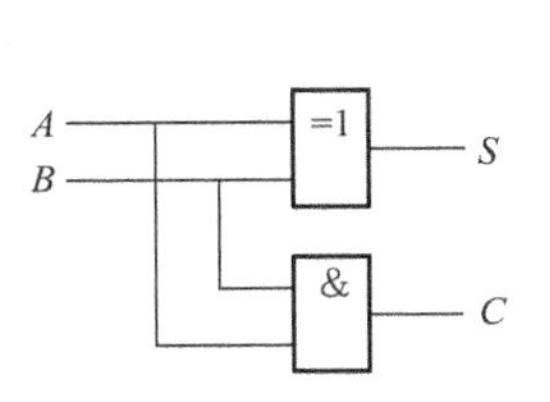

图4.7.1　半加器逻辑图

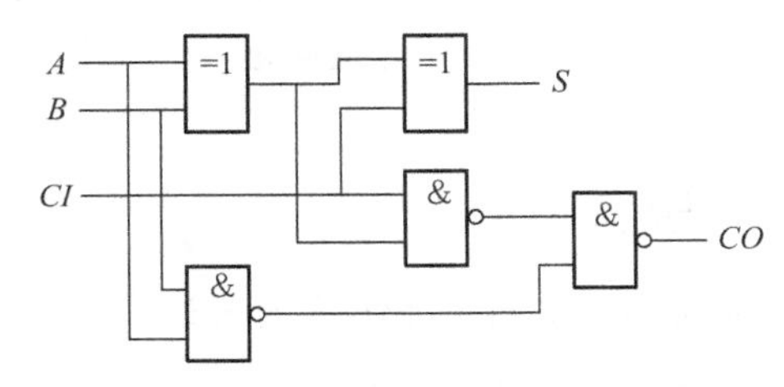

图4.7.2　全加器逻辑图

4.7.5　实验内容及步骤

（1）半加器测试　按图4.7.1接线，A、B接实验箱中的逻辑开关，Y接逻辑电平指示（发光二极管）。按表4.7.1的逻辑输入测试电路的逻辑功能，将测试结果记录在表4.7.1中。

表4.7.1　半加器的逻辑功能

输　入		输　出	
A	B	S	CO
0	0		
0	1		
1	0		
1	1		

（2）全加器测试　按图4.7.2接线，A、B、CI接实验箱中的逻辑开关，Y接逻辑电平指示（发光二极管）。按表4.7.2的逻辑输入测试电路的逻辑功能，将测试结果记录在表4.7.2中。

表4.7.2　全加器的逻辑功能

输　入			输　出	
A	B	CI	S	CO
0	0	0		
0	0	1		
0	1	0		
0	1	1		

续表

输　入			输　出	
A	B	CI	S	CO
1	0	0		
1	0	1		
1	1	0		
1	1	1		

4.7.6　实验注意事项

① 实验中要求每个集成芯片都接+5V的直流电源，电源极性绝对不能接反。
② 插集成块时，要认清定位标记，不能插反。
③ 输出端不允许接地。

4.7.7　思考题

写出半加器和全加器 S 和 CO 的表达式。

4.7.8　实验报告要求

整理数据填入表格。

4.8　译码器和数据选择器及其应用

4.8.1　实验目的

① 掌握3线-8线译码器的逻辑功能和使用方法。
② 掌握4选1数据选择器的逻辑功能和使用方法。
③ 学会使用中规模集成译码器和数据选择器构成组合逻辑电路的方法。

4.8.2　预习要求

① 复习译码器74LS138的逻辑功能及其应用电路。
② 复习数据选择器74LS153的逻辑功能及其应用电路。

4.8.3　实验器材

① 数字实验箱：1个。
② 数字万用表：1块。
③ 74LS138：1片。
④ 74LS153：1片。
⑤ 74LS20：1片。

4.8.4　实验原理

(1) 译码器　译码器是把给定的代码进行“翻译”，有 n 个输入变量，2^n 个输出变量，每个输出是输入的最小项。根据需要，设计成在 2^n 个输出中只有一个有效是高电平，其余无效都是低电平；或者在 2^n 个输出中只有一个有效是低电平，其余无效都是高电平。无论输出是高电平有效还是低电平有效，只要保证了输出的唯一性，就是变量译码器，也称之为多译一的线译码器，或最小项发生器。图 4.8.1 为 3 线-8 线译码器 74LS138 的引脚图，表 4.8.1 为 74LS138 功能表。其中 A_2、A_1、A_0 是地址输入端，$\overline{Y}_0 \sim \overline{Y}_7$ 是输出端，S_1、$\overline{S}_2$、$\overline{S}_3$ 是使能端，U_{CC} 接 +5V 的直流电源。

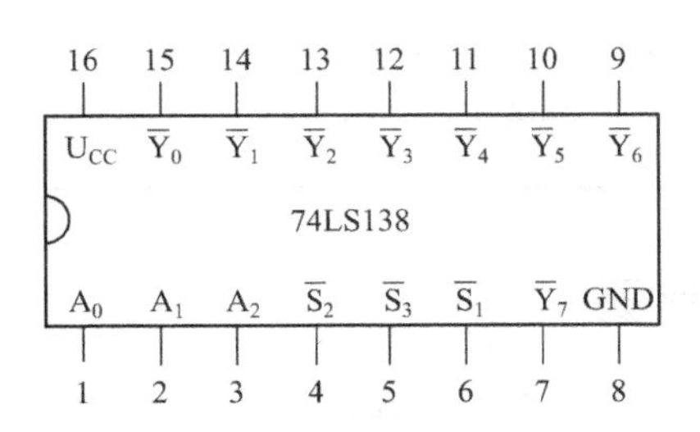

图 4.8.1　74LS138 引脚排列

表 4.8.1　74LS138 功能表

输入					输出							
S_1	$\overline{S}_2+\overline{S}_3$	A_2	A_1	A_0	$\overline{Y}_0$	$\overline{Y}_1$	$\overline{Y}_2$	$\overline{Y}_3$	$\overline{Y}_4$	$\overline{Y}_5$	$\overline{Y}_6$	$\overline{Y}_7$
1	0	0	0	0	0	1	1	1	1	1	1	1
1	0	0	0	1	1	0	1	1	1	1	1	1
1	0	0	1	0	1	1	0	1	1	1	1	1
1	0	0	1	1	1	1	1	0	1	1	1	1
1	0	1	0	0	1	1	1	1	0	1	1	1
1	0	1	0	1	1	1	1	1	1	0	1	1
1	0	1	1	0	1	1	1	1	1	1	0	1
1	0	1	1	1	1	1	1	1	1	1	1	0
0	×	×	×	×	1	1	1	1	1	1	1	1
×	1	×	×	×	1	1	1	1	1	1	1	1

（2）数据选择器　数据选择器是指在地址码的控制下，把多个输入数据传送到唯一的公共输出端。数据选择器的特点是仅有 1 个输出端，而输入部分有地址输入端和数据输入端两部分。它相当于一个多输入的单刀多掷开关，如图 4.8.2 所示。图中有四路数据输入 $D_0 \sim D_3$，通过选择控制信号 A_1、A_0（地址码），从四个输入数据中选一个数据送至数据输出端。图 4.8.3 为中规模集成双 4 选 1 数据选择器 74LS153。表 4.8.2 为 74LS153 的功能表，$\overline{S}$ 为使能端，低电平有效。

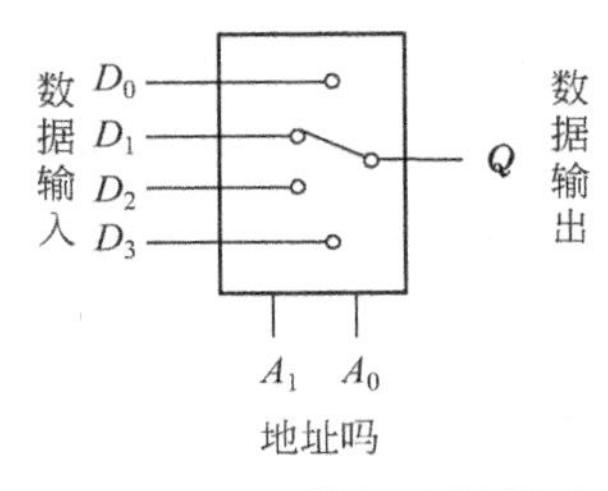

图 4.8.2　4 选 1 数据选择器示意图

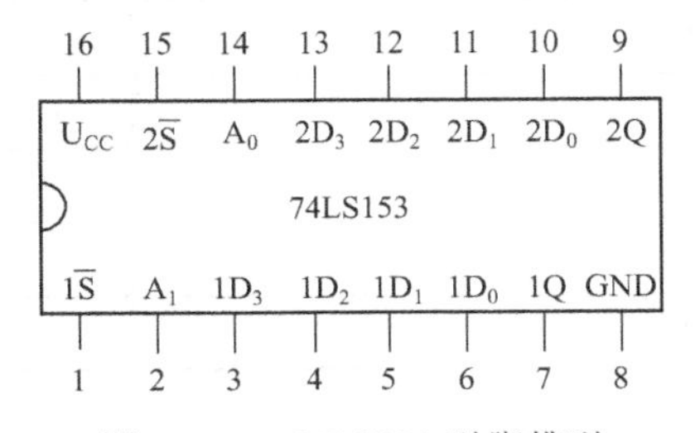

图 4.8.3　74LS153 引脚排列

表 4.8.2　74LS153 功能表

输　入			输　出
$\overline{S}$	A_1	A_0	Q
1	×	×	0
0	0	0	D_0
0	0	1	D_1
0	1	0	D_2
0	1	1	D_3

4.8.5　实验内容及步骤

（1）3 线-8 线译码器 74LS138 的逻辑功能测试。

参照图 4.8.1 接线，A_2、A_1、A_0、S_1、$\overline{S}_2$、$\overline{S}_3$ 接实验箱中的逻辑开关，$\overline{Y}_0$～$\overline{Y}_7$ 接逻辑电平显示（发光二极管）。按表 4.8.1 的逻辑输入，验证 74LS138 的逻辑功能。

（2）用译码器 74LS138 和与非门 74LS20 实现 1 位二进制全加运算。

参照图 4.8.4 和图 4.8.5 接线，其中 A、B 为两个一位二进制加数，CI 为低位送来的进位，S 为和，CO 为向高位的进位。电路检查无误后接通电源，根据表 4.8.3 所给的输入信号的状态，测试全加器的输出 S 和 CO 的状态，将结果记录在表 4.8.3 中。

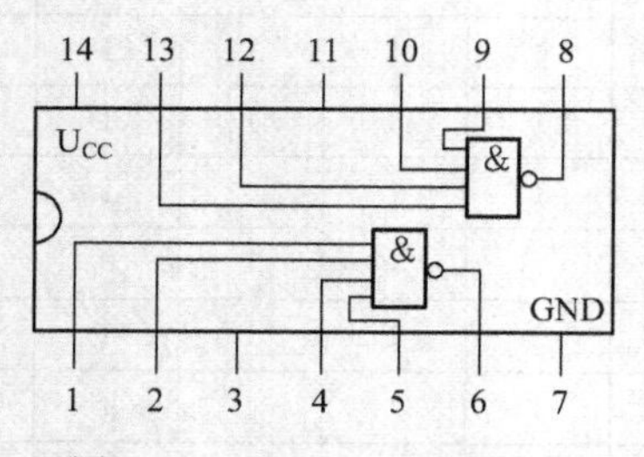

图 4.8.4　74LS20 引脚排列

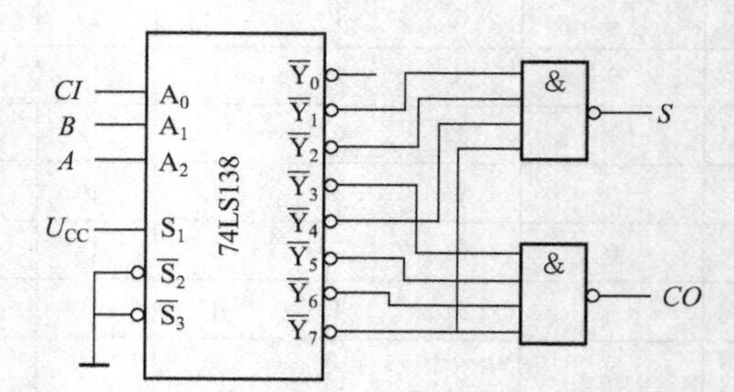

图 4.8.5　译码器实现全加器的电路图

表 4.8.3　全加器测试

输　入			输　出	
A	B	CI	S	CO
0	0	0		
0	0	1		
0	1	0		
0	1	1		
1	0	0		
1	0	1		
1	1	0		
1	1	1		

（3）4 选 1 数据选择器 74LS153 的逻辑功能测试。

参照图 4.8.3 接线，$\overline{S}$、D_0～D_3、A_1、A_0 接实验箱中的逻辑开关，Q 接逻辑电平显示(发光二极管)，按表 4.8.2 的逻辑输入情况验证 74LS153 的逻辑功能。

(4) 用数据选择器 74LS153 实现函数 $F=\overline{A}BC+A\overline{B}C+AB\overline{C}+ABC$。

参照图 4.8.6 接线，检查无误后接通电源，A、B、C 接逻辑开关、F 接逻辑电平显示，测试电路的逻辑功能，记录在表 4.8.4 中。

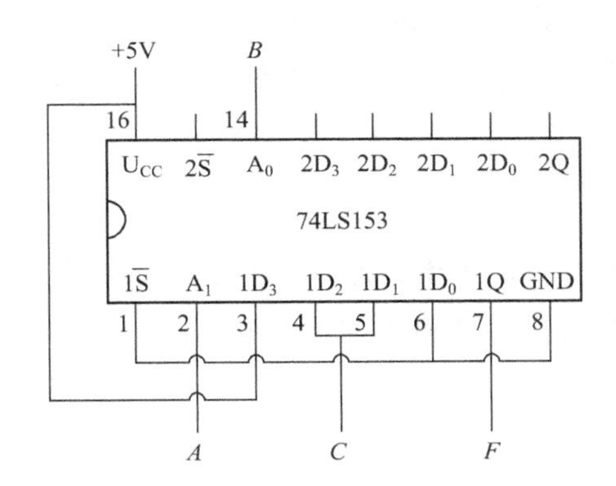

图 4.8.6 用 4 选 1 数据选择器实现逻辑函数

表 4.8.4 用 4 选 1 数据选择器实现逻辑函数

输 入			输 出
A	B	C	F
0	0	0	
0	0	1	
0	1	0	
0	1	1	
1	0	0	
1	0	1	
1	1	0	
1	1	1	

4.8.6 实验注意事项

① 注意译码器和数据选择器使能端的正确处理。

② 实验接线过程中，高低位要排列有序，避免记录时造成麻烦。

4.8.7 思考题

① 根据图 4.8.5 写出全加器 S 和 CO 的表达式。

② 能否用数据选择器实现 1 位二进制全加器？如何实现？

4.8.8 实验报告要求

根据所测数据，分析各电路的功能。

4.9 触发器逻辑功能测试及相互转换

4.9.1 实验目的

① 掌握 RS、JK、D、T 触发器的逻辑功能。
② 掌握 JK、D 触发器的触发方式及逻辑功能的测试方法。
③ 熟悉触发器相互转换的方法。

4.9.2 预习要求

① 复习 RS、JK、D 触发器的工作原理及逻辑功能。
② 复习 JK 触发器转换为 T 和 I′触发器的方法。

4.9.3 实验器材

① 数字实验箱：1 个。
② 数字万用表：1 块。
③ 74LS00：1 片。
④ 74LS74：1 片。
⑤ 74LS112：1 片。
⑥ 数字万用表：1 块。

4.9.4 实验原理

能够存储 1 位二值信号的基本单元电路统称为触发器，它是构成时序逻辑电路的基本单元，具有两个稳定状态，分别用“0”和“1”来表示，在一定的外界信号作用下，可以从一个稳定状态翻转到另一个稳定状态。触发器有两个输出端子，分别为 Q 和 $\overline{Q}$，Q 的状态是触发器的状态。

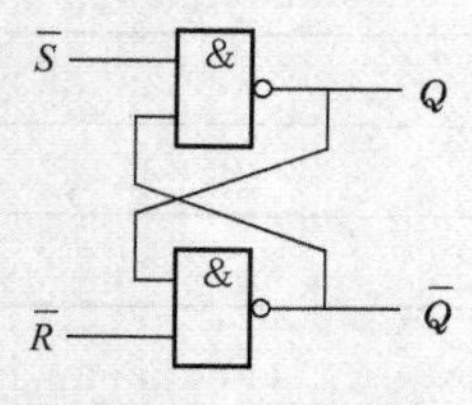

图 4.9.1 RS 触发器

(1) 基本 RS 触发器 图 4.9.1 是有两个与非门构成的基本 RS 触发器，它是无时钟控制低电平直接触发的触发器，有两个输出端子，分别为 Q 和 $\overline{Q}$，Q 的状态是触发器的状态。基本 RS 触发器具有置“0”、置“1”和“保持”三种功能。通常称 $\overline{S}$ 为置“1”端，即 $\overline{S}=0$ 时触发器被置“1”；$\overline{R}$ 是置“0”端，即 $\overline{R}=0$ 时触发器被置“0”，$\overline{R}=\overline{S}=1$ 时状态保持；$\overline{R}=\overline{S}=0$ 时，触发器状态不定，应避免此种情况发生，表 4.9.1 为基本 RS 触发器的功能表。基本 RS 触发器也可以用两个“或非门”组成，此时为高电平触发有效。

表 4.9.1 RS 触发器的逻辑功能

输入		输出	
$\overline{R}$	$\overline{S}$	Q^{n+1}	$\overline{Q^{n+1}}$
0	1	0	1
1	0	1	0

续表

输　　入		输　　出	
$\overline{R}$	$\overline{S}$	Q^{n+1}	$\overline{Q^{n+1}}$
1	1	Q^n	$\overline{Q^n}$
0	0	1①	1①

①是当$\overline{S}=\overline{R}=0$时$Q^{n+1}=\overline{Q^{n+1}}=1$，但是当$\overline{R}$和$\overline{S}$同时回到1后，触发器的状态难以确定，称为不定态。

（2）JK触发器　在输入信号是双端的情况下，JK触发器是功能完善、使用灵活和通用性较强的一种触发器。本实验采用74LS112双JK触发器，是CP下降边沿触发的边沿触发器。引脚功能及逻辑符号如图4.9.2所示。JK触发器的状态方程为

$$Q^{n+1}=J\overline{Q}^n+\overline{K}Q^n$$

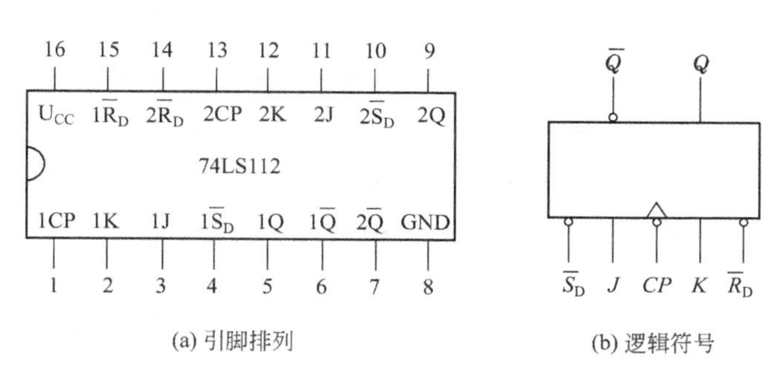

(a) 引脚排列　　(b) 逻辑符号

图4.9.2　74LS112引脚图及逻辑图

J和K是数据输入端，Q与$\overline{Q}$为两个互补输出端。其逻辑功能见表4.9.2。

表4.9.2　JK触发器的逻辑功能

输　　入					输　　出	
$\overline{R}_D$	$\overline{S}_D$	J	K	CP	Q^{n+1}	$\overline{Q^{n+1}}$
0	1	×	×	×	0	1
1	0	×	×	×	1	0
0	0	×	×	×	1①	1①
1	1	0	0	↓	Q^n	$\overline{Q^n}$
1	1	0	1	↓	0	1
1	1	1	0	↓	1	0
1	1	1	1	↓	$\overline{Q^n}$	Q^n
1	1	×	×	↑	Q^n	$\overline{Q^n}$

①表示不定态。

注：↑表示脉冲的上升沿；↓表示脉冲的下降沿；×表示任意状态。

（3）D触发器　在输入信号为单端的情况下，D触发器用起来最为方便，其状态方程为$Q^{n+1}=D$，其输出状态的更新发生在CP脉冲的上升沿，故又称为上升沿触发的边沿触发器。触发器的状态只取决于时钟到来前D端的状态，D触发器的应用很广，可用作数字信号的寄存、移位寄存、分频和波形发生等。图4.9.3为74LS74双D触发器的引脚排列及逻辑符号，功能见表4.9.3。

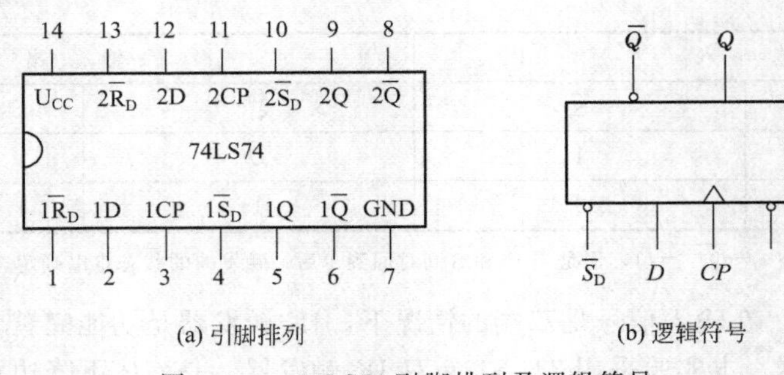

(a) 引脚排列 (b) 逻辑符号

图 4.9.3 74LS74 引脚排列及逻辑符号

表 4.9.3 D 触发器的逻辑功能

输入				输出	
$\overline{R}_D$	$\overline{S}_D$	D	CP	Q^{n+1}	$\overline{Q^{n+1}}$
0	1	×	×	0	1
1	0	×	×	1	0
0	0	×	×	1[①]	1[①]
1	1	0	↑	0	1
1	1	1	↑	1	0
1	1	×	↓	Q^n	$\overline{Q^n}$

(4) 触发器之间的转换　在集成触发器的产品中，每种触发器都有自己固定的逻辑功能，但可以利用转换的方法获得具有其他功能的触发器。例如 JK 触发器的 J、K 两端连在一起，称为 T 端，就得到 T 触发器。若将 T 触发器的 T 端置“1”，就成为 T′触发器。在 T′触发器的 CP 端每来一个 CP 脉冲信号，触发器的状态就翻转一次，广泛用于计数电路中。

4.9.5 实验内容及步骤

(1) 测试基本 RS 触发器的逻辑功能　按图 4.9.1 接线，R、S 接实验箱中的逻辑开关，Q^n、$\overline{Q^n}$ 接逻辑电平显示（发光二极管），测试 RS 触发器的逻辑功能，验证表 4.9.1。

(2) JK 触发器逻辑功能测试　根据图 4.9.2 所示，任取一个 JK 触发器，将 J、K、$\overline{R}_D$、$\overline{S}_D$接实验箱中的逻辑开关，CP 接单脉冲，Q^n、$\overline{Q^n}$ 接逻辑电平显示，U_{CC}接＋5V 直流电源，GND 接⊥，检查无误后接通电源。

① $\overline{R}_D$、$\overline{S}_D$的功能测试　根据表 4.9.4，改变 J、K、$\overline{R}_D$、$\overline{S}_D$、CP 的状态，观察触发器 Q^n、$\overline{Q^n}$ 的状态的变化，将测试结果填入表 4.9.4 中。

表 4.9.4 $\overline{R}_D$、$\overline{S}_D$功能测试

$\overline{R}_D$	$\overline{S}_D$	J	K	CP	Q^n	$\overline{Q^n}$
0	1	×	×	×		
1	0	×	×	×		
0	0	×	×	×		

② JK 触发器逻辑功能　保证 $\overline{S}_D=\overline{R}_D=1$，改变 J、K、CP 的状态，观察 Q^n 的状态的变化，将测试结果填入表 4.9.5 中。

表 4.9.5　JK 触发器的逻辑功能测试

$\overline{R}_D$	$\overline{S}_D$	J	K	CP	Q^{n+1}	
					$Q^n=0$	$Q^n=1$
1	1	0	0	↑		
1	1	0	0	↓		
1	1	0	1	↑		
1	1	0	1	↓		
1	1	1	0	↑		
1	1	1	0	↓		
1	1	1	1	↑		
1	1	1	1	↓		

(3) 测试 D 触发器的逻辑功能　根据图 4.9.3 所示，任意选取一个 D 触发器，U_{CC} 接 +5V 直流电源，GND 接⊥，检查无误后接通电源。保证 $\overline{S}_D=\overline{R}_D=1$，根据 D 和 CP 的变化，仔细观察 Q^n 的变化，将测试结果记录在表 4.9.6 中。

表 4.9.6　D 触发器的逻辑功能

$\overline{R}_D$	$\overline{S}_D$	D	CP	Q^{n+1}	
				$Q^n=0$	$Q^n=1$
1	1	0	↓		
1	1	0	↑		
1	1	1	↓		
1	1	1	↑		

(4) JK 触发器转换为 T 和 T′触发器　将 JK 触发器的 J、K 连在一起就构成了 T 触发器，将 T 端接“1”就成为 T′触发器，如图 4.9.4 所示，根据图 4.9.4 测试 T、T′的逻辑功能，自拟表格，并作记录。

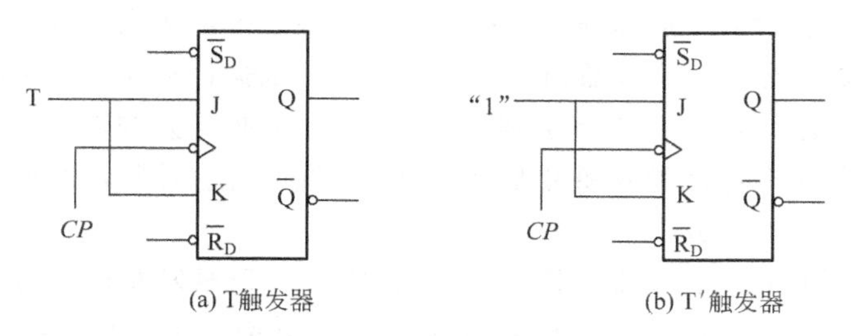

图 4.9.4　JK 触发器转换为 T、T′触发器

4.9.6　实验注意事项

① 控制单脉冲时要避免抖动现象。

② 接线、换线时要断电。

4.9.7 思考题

① 74LS112 与 74LS74 的触发条件有什么不同？
② D 触发器可以转换成 T 触发器吗？如何实现？

4.9.8 实验报告要求

① 整理好实验数据，记入表格。
② 总结各触发器的逻辑功能。

4.10 计数器实验

4.10.1 实验目的

① 理解计数器的工作原理、逻辑功能及应用。
② 掌握集成计数器 74LS290 的功能测试。

4.10.2 预习要求

① 复习 74LS74 的引脚排列及 D 触发器的逻辑功能。
② 复习 74LS290 的引脚排列、工作原理。

4.10.3 实验器材

① 数字实验箱：1 个。
② 74LS74：2 片。
③ 74LS290：1 片。
④ 数字万用表：1 块。

4.10.4 实验原理

计数器是数字系统中使用最多的时序逻辑电路。它不仅可用于计脉冲数，还常用于数字系统的定时、分频和进行数字运算等。计数器种类繁多。根据构成计数器中的触发器是否同时翻转，可以将计数器分为同步计数器和异步计数器；根据计数器中数字的编码方式，分为二进制计数器，十进制计数器、二-十进制计数器等；根据计数的增减趋势，又分为加法、减法和可逆计数器，还有可预置数和可编程序功能计数器等。计数器的容量也称模，一个计数器输出的状态数等于其模数。

(1) 由 D 触发器构成的计数器　图 4.10.1 是用三个 D 触发器构成的三位二进制异步加法计数器，电路的构成特点是每个 D 触发器接成 T′触发器，再由低位触发器的 $\overline{Q^n}$ 端和高一位的 CP 端相连接。$\overline{S}_D=\overline{R}_D=1$ 时，CP_0 输入连续脉冲，计数器进行计数。

(2) 中规模计数器 74LS290 的逻辑功能　74LS290 是异步二-五-十进制计数器。引脚排列和逻辑符号如图 4.10.2 所示。它由一个一位二进制计数器和一个异步五进制计数器组成。R_{01} 和 R_{02} 为复位（置 0）端，S_{91} 和 S_{92} 为置位（置 9）输入端，CP_0 和 CP_1 为下升沿有效的

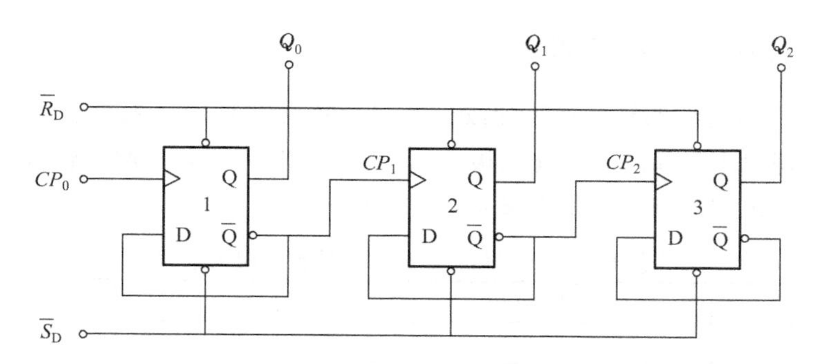

图 4.10.1　三位二进制异步加法计数器

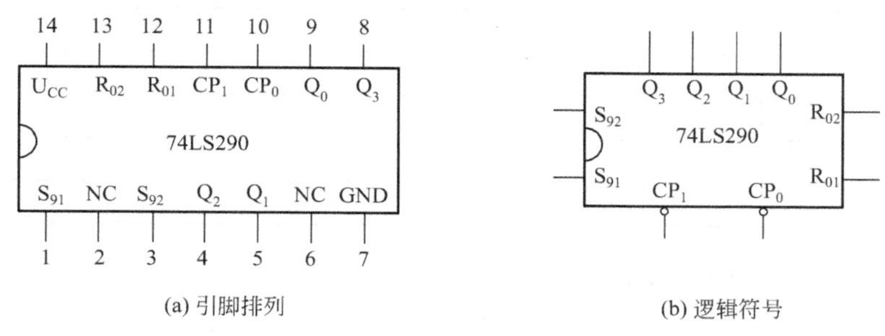

(a) 引脚排列　　(b) 逻辑符号

图 4.10.2　74LS290 引脚排列及逻辑符号

时钟脉冲输入端，Q_3、Q_2、Q_1、Q_0 是输出端。其功能表如表 4.10.1 所示，具体分析如下：

表 4.10.1　74LS290 计数器的功能表

R_{01}	R_{02}	S_{91}	S_{92}	Q_3	Q_2	Q_1	Q_0
1	1	0	×	0	0	0	0
		×	0				
×	×	1	1	1	0	0	1
×	0	×	0	计数			
0	×	0	×	计数			
0	×	×	0	计数			
×	0	0	×	计数			

① 置 9 功能　只要置位输入 $S_{91}\cdot S_{92}=1$，则 74LS290 的输出将被直接置 9，即 $Q_3Q_2Q_1Q_0=1001$。

② 置 0 功能　当复位端输入 $R_{01}=R_{02}=1$，且置位端输入 $S_{91}\cdot S_{92}=0$ 时，74LS290 的输出被直接置零，即 $Q_3Q_2Q_1Q_0=0000$。

③ 计数功能　当满足 $R_{01}\cdot R_{02}=0$ 和 $S_{91}\cdot S_{92}=0$ 时，如果计数脉冲由端 CP_0 输入，输出由 Q_0 端引出，即得二进制计数器；如果计数脉冲由 CP_1 端输入，输出由 Q_1、Q_2、Q_3 引出，即是五进制计数器；如果将 Q_0 与 CP_1 相连，计数脉冲由 CP_0 输入，输出由 Q_0、Q_1、Q_2、Q_3 引出，即得 8421 码十进制计数器；若将 Q_3 和 CP_0 相连，计数脉冲由 CP_1 输入，输出为 Q_3、Q_2、Q_1、Q_0 时，则构成 5421 码十进制计数器。因此，又称此电路为二-五-十进制计数器。

4.10.5 实验内容及步骤

(1) 由D触发器构成的异步加法计数器测试　参照图4.10.1接线，CP_0 接实验箱中单脉冲，输出端接逻辑电平显示（发光二极管），检查无误后接通电源，输入脉冲，观察输出状态的变化，将测试测试结果记录在表4.10.2中。

表4.10.2　三位二进制加法计数器测试数据

CP	Q_3	Q_2	Q_1
1			
2			
3			
4			
5			
6			
7			
8			

(2) 测试74LS290的逻辑功能

① 测试74LS290中 R_{01}、R_{02}、S_{91}、S_{92} 的功能　将 R_{01}、R_{02}、S_{91}、S_{92} 接逻辑开关，输出端接逻辑电平显示（发光二极管），根据表4.10.3的所给数据情况，观察 Q_3、Q_2、Q_1、Q_0 的状态，将结果记入表4.10.3中。

表4.10.3　R_{01}、R_{02}、S_{91}、S_{92} 的功能测试

R_{01}	R_{02}	S_{91}	S_{92}	CP_0	CP_1	Q_3	Q_2	Q_1	Q_0
1	1	0	×	×	×				
		×	0	×	×				
×	×	1	1	×	×				

② 二进制计数器测试　按图4.10.3接线，计数脉冲由 CP_0 输入，由 Q_0 输出，测试二进制计数器的逻辑功能，记入表4.10.4中。

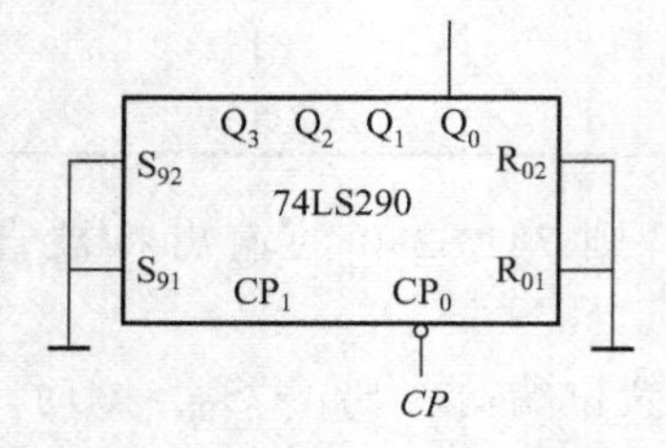

图4.10.3　二进制计数器

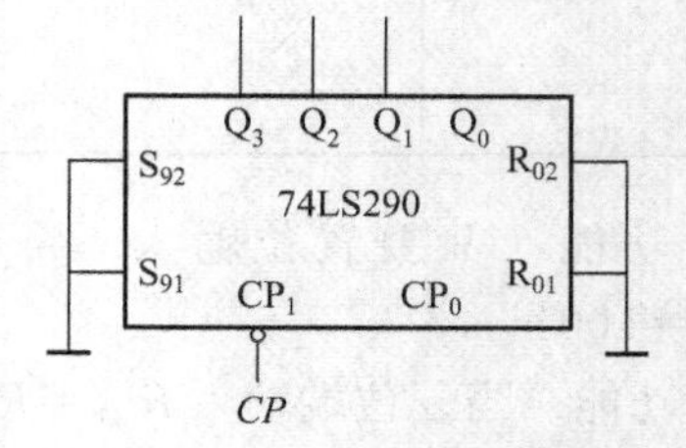

图4.10.4　五进制计数器

表4.10.4　二进制计数器

计数顺序	计数器状态
CP	Q_0
0	
1	
2	

③ 五进制计数器测试　按图 4.10.4 接线，如果计数脉冲由 CP_1 端输入，输出由 Q_1、Q_2、Q_3 引出，测试五进制计数器的逻辑功能，记入表 4.10.5 中

表 4.10.5　五进制计数器

计数顺序	计数器状态		
CP	Q_3	Q_2	Q_1
0			
1			
2			
3			
4			
5			

④ 十进制计数器测试　按图 4.10.5 接线，将 CP_1 与 Q_0 连接在一起，输出由 Q_3、Q_2、Q_1、Q_0 引出，计数脉冲由 CP_0 引入，观察输出的状态，记入表 4.10.6 中。

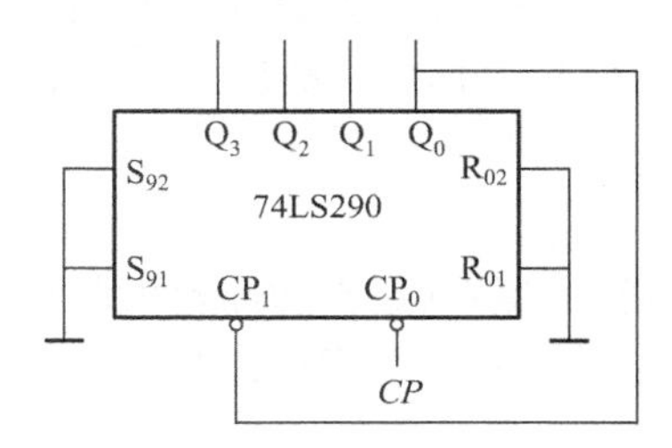

图 4.10.5　8421 码十进制计数器

表 4.10.6　8421 码十进制计数器

计数顺序	计数器状态			
CP	Q_3	Q_2	Q_1	Q_0
0				
1				
2				
3				
4				
5				
6				
7				
8				
9				
10				

4.10.6　实验注意事项

① 实验过程中，连接线较多，接线时要认真、仔细。

② 注意置 0 端和置 9 端的用法。

4.10.7　思考题

① 如何用 D 触发器实现三位二进制异步减法计数器？画出接线图。
② 画出用 74LS290 实现 5421 码十进制计数器的逻辑图。

4.10.8　实验报告要求

① 画出实验中各计数器的状态转换图。
② 写出实验中各计数器的模。

4.11　寄存器及其应用

4.11.1　实验目的

① 掌握 4 位双向移位寄存器 74LS194 的逻辑功能及测试方法。
② 熟悉移位寄存器的应用——构成环形计数器及扭环形计数器。

4.11.2　预习要求

① 复习 74LS194 的逻辑电路，熟悉其逻辑功能及引脚排列。
② 复习用 74LS194 构成环形计数器及扭环形计数器的方法。

4.11.3　实验器材

① 数字万用表：1 块。
② 4 位双向移位寄存器 74LS194 或 CC40194：1 片。
③ 四二输入与非门 74LS00：1 片。
④ 数字实验箱：1 个。

4.11.4　实验原理

移位寄存器按移位功能来分，可分为单向移位寄存器和双向移位寄存器两种，是指寄存器中所存的代码能够在移位脉冲的作用下依次左移或右移，既能左移又能右移的称为双向移位寄存器，只需要改变左、右移的控制信号便可实现双向移位要求。根据移位寄存器存取信息的方式不同分为串入串出、串入并出、并入串出、并入并出四种形式。

（1）双向移位寄存器 74LS194 的逻辑功能　本实验选用的 4 位双向通用移位寄存器，型号为 74LS194 或 CC40194，两者功能相同，可互换使用，其逻辑符号及引脚排列如图 4.11.1 所示。

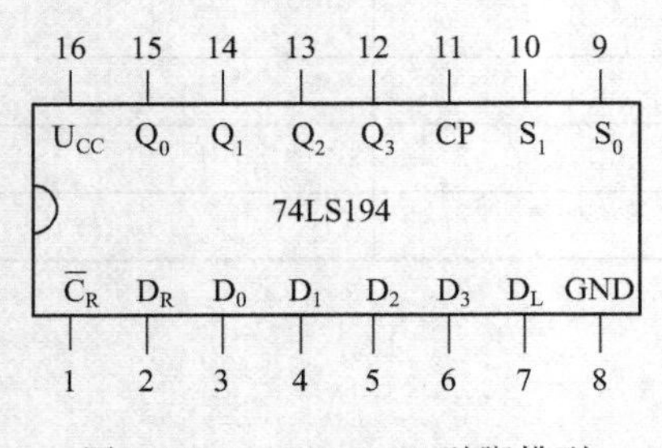

图 4.11.1　74LS194 引脚排列

其中 $\overline{C}_R$ 为异步清零端，D_0、D_1、D_2、D_3 为并行输入端，D_R 为右移输入端，D_L 为左移输入端，S_1、S_0 为操作模式控制端，CP 为时钟脉冲输入端，上升沿有效，Q_0、Q_1、Q_2、Q_3 为并行输出端。

74LS194 有 5 种不同操作模式：分别为清零、并行送数寄存、右移（方向由 $Q_0 \rightarrow Q_3$）、左移（方向由 $Q_3 \rightarrow Q_0$）及保持。其具体功能见表 4.11.1。

表 4.11.1　双向移位寄存器 74LS194 的逻辑功能

功能	输入										输出			
	$\overline{C}_R$	CP	S_1	S_0	D_0	D_1	D_2	D_3	D_R	D_L	Q_0	Q_1	Q_2	Q_3
清零	0	×	×	×	×	×	×	×	×	×	0	0	0	0
并行送数	1	↑	1	1	a_0	a_1	a_2	a_3	×	×	a_0	a_1	a_2	a_3
右移	1	↑	0	1	×	×	×	×	D_R	×	D_R	Q_0^n	Q_1^n	Q_2^n
左移	1	↑	1	0	×	×	×	×	×	D_L	Q_1^n	Q_2^n	Q_3^n	D_L
保持	1	↑	0	0	×	×	×	×	×	×	Q_0^n	Q_1^n	Q_2^n	Q_3^n

（2）移位寄存器的应用　移位寄存器应用很广，可构成移位寄存器型计数器、脉冲顺序发生器、串行累加器等。本实验研究移位寄存器用作环形计数器和扭环形计数器。

把移位寄存器的输出反馈到它的串行输入端，就可以进行循环移位，电路如图 4.11.2 所示。把输出端 Q_0 和左移串行输入端 D_L 相连接，设初始状态 $Q_0Q_1Q_2Q_3=0001$，则在时钟脉冲作用下 $Q_0Q_1Q_2Q_3$ 将依次变为 0010→0100→1000→…，由表 4.11.2 可以看出，它是一个有 4 个有效状态的计数器，称其为环形计数器。当 CP 为连续脉冲时，也可以由各个输出端输出在时间上有先后顺序的脉冲，因此也可以作为脉冲发生器。

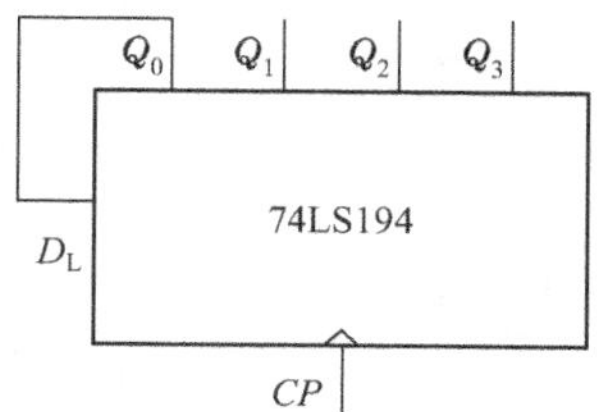

图 4.11.2　环形计数顺

表 4.11.2　环形计数器状态转换表

CP	Q_0	Q_1	Q_2	Q_3
0	0	0	0	1
1	0	0	1	0
2	0	1	0	0
3	1	0	0	0
4	0	0	0	1

4.11.5　实验内容及步骤

（1）测试 74LS194 的逻辑功能　将 $\overline{C}_R$、D_0、D_1、D_2、D_3、D_R、D_L、S_1、S_0 分别接到数字实验箱中的逻辑开关输出插孔，CP 接单脉冲输入端，Q_0、Q_1、Q_2、Q_3 接逻辑电平指示（发光二极管），根据表 4.11.3 所规定的输入状态进行测试。

① 清零：令 $\overline{C}_R=0$，其他输入均为任意态，这时观察寄存器输出 Q_0、Q_1、Q_2、Q_3，将结果记入表 4.11.3。

② 并行送数：清零后，令 $\overline{C}_R=1$，令 $S_1=S_0=1$，$D_0D_1D_2D_3=1101$，加 CP 脉冲，分别观察 $CP=0$、CP 为上升沿、CP 为下降沿及 $CP=1$ 四种情况下寄存器输出状态的变

化。$D_0 \sim D_3$ 可以多输入几组数据，然后加入 CP 上升沿后观察输出的变化情况，充分理解并行送数的功能。

③ 右移：先清零，然后令 $\overline{C}_R=1$，$S_1=0$，$S_0=1$，根据表4.11.3的要求。由 D_R 输入数据，然后在 CP 端加入时钟脉冲后观察输出的变化情况，并将结果记录在表4.11.3中。

④ 左移：先清零，然后令 $\overline{C}_R=1$，$S_1=1$，$S_0=0$，根据表4.11.3的要求。由 D_L 输入数据，然后在 CP 端加入时钟脉冲后观察输出的变化情况，并将结果记录在表4.11.3中。

⑤ 保持：在④的基础上，令 $\overline{C}_R=1$，$S_1=S_0=0$，然后在 CP 端加入时钟脉冲后观察输出的变化情况，并将结果记录在表4.11.3中。

表4.11.3　74LS194的逻辑功能测试表

$\overline{C}_R$	操作模式		并行输入	串行输入		脉冲	输出	功能总结
	S_1	S_0	$D_0D_1D_2D_3$	D_R	D_L	CP	$Q_0Q_1Q_2Q_3$	
0	×	×	××××	×	×	×		
1	1	1	1101	×	×	↑		
1	0	1	××××	0	×	↑		
1	0	1	××××	1	×	↑		
1	0	1	××××	0	×	↑		
1	0	1	××××	0	×	↑		
1	1	0	××××	×	1	↑		
1	1	0	××××	×	1	↑		
1	1	0	××××	×	0	↑		
1	1	0	××××	×	1	↑		
1	0	0	××××	×	×	↑		

（2）环形计数器　参照图4.11.2，用并行送数法将寄存器输出 $Q_0Q_1Q_2Q_3$ 置为某二进制数码（如1000），然后加入脉冲，进行左移循环，观察输出端 $Q_0Q_1Q_2Q_3$ 的变化，并填入表4.11.4中。

表4.11.4　环形计数器测试

CP	Q_0	Q_1	Q_2	Q_3
0				
1				
2				
3				
4				

（3）扭环形计数器的设计　用与非门74LS00与74LS194设计一个左移的扭环形计数器，自拟实验线路，预置寄存器输出 $Q_0Q_1Q_2Q_3$ 为某二进制数码（如0000），然后输入时钟脉冲，观察输出端状态的变化，记入表4.11.5中。

表 4.11.5　扭环形计数器测试

CP	Q_0	Q_1	Q_2	Q_3
0				
1				
2				
3				
4				
5				
6				
7				
8				

4.11.6　实验注意事项

① 实验过程中认真观察输出端状态的变化。
② 注意左移与右移移位寄存器的区别。

4.11.7　思考题

① 用哪些方法可使寄存器 74LS194 输出全部为 0?
② 能用寄存器实现右移的环形计数器吗? 如何接线?

4.11.8　实验报告要求

① 整理数据，填入表格。
② 根据测试结果，画出环形计数器和扭环形计数器的状态转换图。

第5章　综合设计性实验

5.1　电阻温度计

5.1.1　实验目的

① 了解直流电桥测量电路。

② 了解热电阻和热敏电阻，掌握非电量转变为电量的实现方法。

③ 初步培养电路设计、安装调试和工程制作技能。

5.1.2　实验预习要求

① 复习有关直流电桥的工作原理。

② 预习有关热电阻和热敏电阻的知识。

5.1.3　实验器材

① 可调直流稳压电源：1台。

② 数字万用表或指针式万用表：1块。

③ 检流计：1个。

④ 水银温度计：1个。

⑤ 热敏电阻：1个。

⑥ 电阻：若干。

5.1.4　实验原理

(1) 热电阻和热敏电阻　常用的测温用电阻有金属热电阻和半导体热敏电阻两种。

① 金属热电阻　金属热电阻测温是基于金属导体的电阻值随温度的增加而增加这一特性来进行温度测量的。金属热电阻器常称为热电阻，由纯金属材料制成，纯金属有正的温度系数，温度每升高1℃，电阻增加0.4%～0.6%，目前应用最多的是铂和铜材料的热电阻，此外，现在已开始采用镍、锰和铑等材料制造热电阻，是中低温区最常用的一种温度检测元件，一般适用于－200～500℃范围内的温度测量，其主要特点是测量精度高，性能稳定，广泛应用于工业测温。常用的铂电阻有Pt10、Pt100、Pt1000，其中Pt100最常用。铂电阻精度高、稳定性好，适用于中性和氧化性介质的温度检测，但具有一定的非线性，温度越高，电阻变化率越小。铜电阻有Cu50和Cu100，其中Cu50最常用。在测温范围内电阻值和温度呈线性关系，适用于无腐蚀介质的温度检测，温度超过150℃易被氧化。

② 半导体热敏电阻　半导体热敏电阻器常称为热敏电阻，由半导体材料制成，种类比较多，具有灵敏度较高、工作温度范围宽、易加工成复杂的形状、稳定性好、过载能力强、价格低、体积小、热惯性小等特点，常用阻值在1Ω～10MΩ之间，常温器件适用于－55～315℃。热敏电阻包括正温度系数（PTC）、负温度系数（NTC）和临界温度系数（CTR）热敏电阻器等。正温度系数热敏电阻器（PTC）的特点是其阻值随温度升高而增大，除可用作温度的检测，还兼有温度控制器、加热器的功能，所以也称为热敏开关。电流流过PTC热敏电阻器使其发热、温度升高，作为加热器可以加热空气、水等；当温度超过居里点后，电阻增加，电流减小，温度降低，使温度保持恒定，起到控制调节作用，所以PTC热敏电阻器还常用于暖风器、电烙铁、烘衣柜、热水器、空调器、冷库和风速机等方面。负温度系数热敏电阻器（NTC）的特点是其阻值随温度升高而减小。临界温度热敏电阻器（CTR）具有负电阻突变特性，某一温度下，电阻值随温度的增加急剧减小。

（2）非平衡电桥温度检测原理　根据热电阻和热敏电阻的阻值随温度变化的特点，常采用直流电桥将温度信号转换为电压或电流信号，通过对电压或电流的测量来检测温度，如图5.1.1所示，其中电阻R是可变电阻，U_S是直流稳压，R_1、R_2、R_3是温度系数较小的金属膜固定电阻。检流计G两端的电压U为

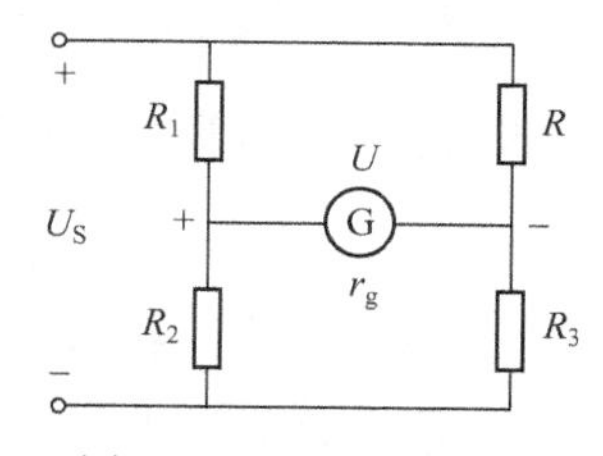

图5.1.1　直流非平衡电桥测量电路

$$U=\frac{(R_2R-R_1R_3)r_g}{(R+R_3)(R_1+R_2)r_g+R_1R_2(R+R_3)+R_3R(R_1+R_2)}U_S \qquad (5.1.1)$$

式中，r_g是检流计G的内阻，若r_g远远大于电桥的各个桥臂电阻，式(5.1.1)可近似为

$$U=\frac{R_2R-R_1R_3}{(R+R_3)(R_1+R_2)}U_S \qquad (5.1.2)$$

当$R_2R=R_1R_3$时，检流计G的指示是零值，电桥达到平衡；当$R_2R\neq R_1R_3$时，有电流I_g通过检流计G，电桥的平衡状态被破坏，电流I_g随电阻R的阻值变化而变化。

当电阻R为热电阻或热敏电阻时，利用电桥的这一特性可以制作电阻温度计。当电阻R分别为光敏电阻、压敏电阻、湿敏电阻等其他敏感电阻时，就可制作照度计、压力计、湿度计等测量仪器或传感器，因此，这种直流电桥测量原理得到广泛的应用。

5.1.5　实验内容及步骤

设计要求：测温范围为0～100℃；测量精度≤0.5℃。

① 参照图5.1.1所示电路，分别采用热电阻和热敏电阻设计电阻温度计。

② 画出电路图，说明测量原理，推导计算公式，计算所需元器件的参数。注意合理选择电桥电路中各元件参数，保证电桥平衡。

③ 按电路图制作电路。

④ 合理选择仪器，拟定实验步骤和数据表格。

⑤ 用水银温度计作为标准，用一杯100℃开水逐渐冷却的温度作为被测对象，逐点校验自制的温度计，对温度计进行测量检验，测量点不少于15个，说明测量方法，并对结果进行分析比较。

⑥ 检验温度计线性度，分析系统误差和随机误差。

⑦ 进一步改进自制的温度计，提高测量的准确度。

5.1.6 实验注意事项

① 采用热电阻设计时，其允许最大电流 $I_m \leqslant 5mA$，以免烧毁热电阻。

② 直流电源电压≤5V。

③ 缓慢调节直流电源输出电压，确保热敏电阻在额定电压下工作。

5.1.7 实验思考题

① 制作电阻温度计为什么应选择负阻性热敏电阻？试说明理由。

② 能否用正阻性热敏电阻制作电阻温度计？如果可行，试说明制作的方法。

③ 使用热敏电阻要注意什么问题？

5.1.8 实验报告要求

① 写出设计过程，要求有元器件参数计算过程。

② 将测量数据和理论设计数据进行分析比较。

③ 试比较热铂电阻温度计和热敏电阻温度计的优缺点。

5.2 负阻抗变换器

5.2.1 实验目的

① 了解负阻抗变换器的组成原理。

② 学习负阻抗变换器的测量方法。

③ 加深对负阻抗变换器的认识。

5.2.2 预习要求

① 复习有关负阻抗变换器的知识。

② 预习负阻抗变换器电路的工作原理和负阻抗变换器电路板的接线。

5.2.3 实验器材

① 可调直流稳压电源：1台。

② 数字万用表：1块。

③ 负阻抗变换器实验板：1 块。
④ 可变电阻箱：1 个。
⑤ 实验线路板或面包板：1 块。
⑥ 电阻 200Ω：1 个。

5.2.4 实验原理

（1）负阻抗变换器及其性质　负阻抗变换器简称 NIC，是一个能将阻抗按一定比例进行变换并改变其符号的二端口元件。负阻抗是电路理论中的一个重要基本概念，在工程实践中有广泛的应用。除某些线性元件（如隧道二极管）在某个电压或电流的范围内具有负阻抗特性外，一般都由线性集成电路或晶体管等元件构成一个具有等值的线性负阻抗特性的有源双口网络，这样的网络称为负阻抗变换器。

按有源网络输入电压和电流与输出电压和电流的关系，可分为电流倒置型（INIC）和电压倒置型（VNIC）。电流倒置型也称为电流反向型，电压倒置型也称为电压反向型，两种电路模型如图 5.2.1 所示。

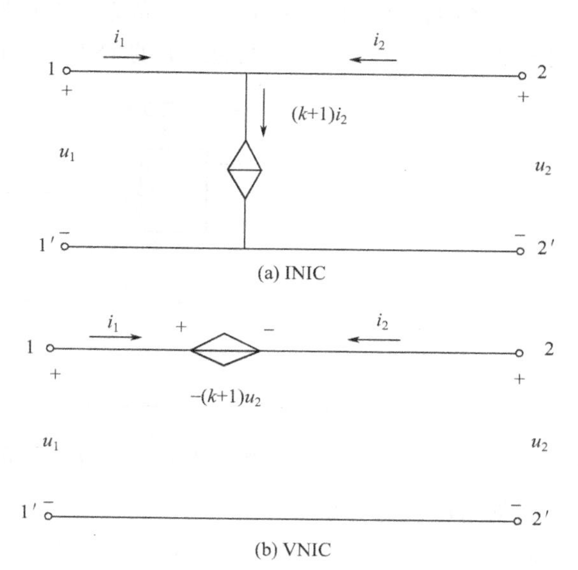

图 5.2.1　负阻抗变换器的两种电路模型

在理想情况下，负阻抗变换器的电压、电流关系如下。

INIC 型：

$$\begin{cases} u_1 = u_2 \\ i_1 = k i_2 \end{cases} \tag{5.2.1}$$

式中，k 为电流增益。

VNIC 型：

$$\begin{cases} u_1 = -k u_2 \\ i_1 = -i_2 \end{cases} \tag{5.2.2}$$

式中，k 为电压增益。

如果在 INIC 的输出端接上负载，如图 5.2.2 所示，则输入阻抗如下。

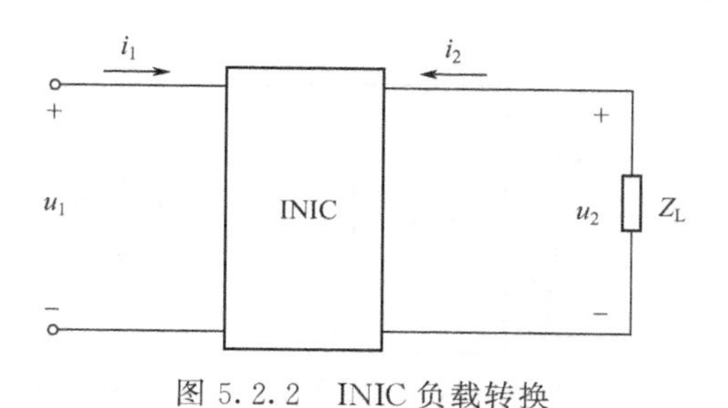

图 5.2.2　INIC 负载转换

INIC 型：

$$Z_{\mathrm{i}}=\frac{u_1}{i_1}=\frac{u_2}{ki_2}=-\frac{Z_{\mathrm{L}}}{k} \tag{5.2.3}$$

VNIC 型：

$$Z_{\mathrm{i}}=\frac{u_1}{i_1}=\frac{-ku_2}{i_2}=-kZ_{\mathrm{L}} \tag{5.2.4}$$

可见，负阻抗变换器具有把正阻抗变为负阻抗的性质。

（2）负阻抗变换器电路的实现　负阻抗变换器可以用晶体管电路或运算放大器来实现，如图 5.2.3 所示是用运算放大器组成的 INIC 电路。

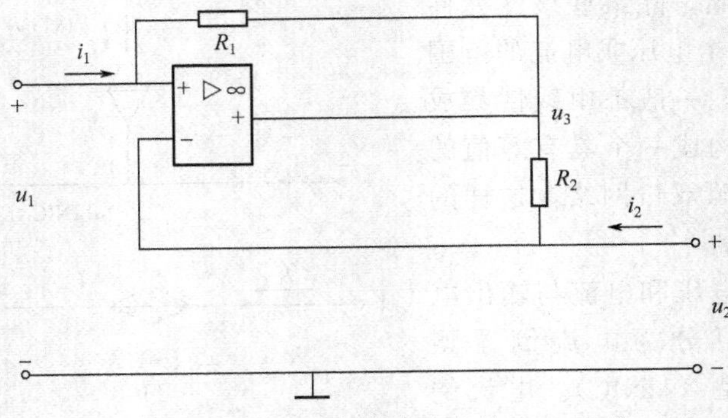

图 5.2.3　用运算放大器组成的 INIC 电路

根据运放理论可知

$u_1=u_+=u_-=u_2$，即 $u_1=u_2$

$$\begin{cases} i_1=\dfrac{u_1-u_3}{R_1} \\ i_2=\dfrac{u_2-u_3}{R_2}=\dfrac{u_1-u_3}{R_2} \end{cases} \tag{5.2.5}$$

式中，$i_1/i_2=R_2/R_1$，$i_1=R_2i_2/R_1=ki_2$，$k=R_2/R_1$。

$$Z_{\mathrm{i}}=u_1/i_1$$

取 $R_1=330\Omega$，$R_2=1\mathrm{k}\Omega$，$k=100/33$；取 $R_1=R_2=1\mathrm{k}\Omega$，$k=1$。

5.2.5　实验内容及步骤

（1）测量电流增益 k 和负电阻的伏安特性　按图 5.2.4 连接电路，S 断开，$u_1=2\mathrm{V}$，为直流电源。调节 R_{L} 在 200Ω～1kΩ 变化，测量 u_1、u_2 和 i_1、i_2，根据测量值计算测量电流增益 k 和输入电阻 R_{i}，填入表 5.2.1。

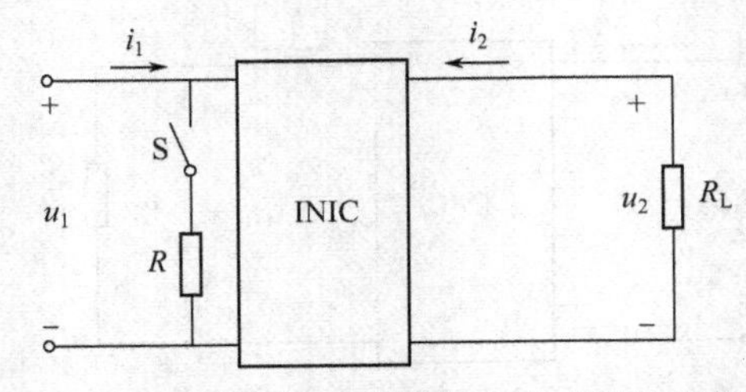

图 5.2.4　电流增益 k 和负电阻的伏安特性测量电路

表 5.2.1　电流增益 k 和负电阻的伏安特性测量数据

R_L/Ω										
u_1/V										
u_2/V										
i_1/A										
i_2/A										
k										
R_i/Ω										
$\overline{k}$										

（2）测量负阻抗变换器负阻抗变换性质　按图 5.2.4 连接电路，S 闭合，$R_L=200\Omega$，$u_1=2V$，为直流电压。调节 R 在 $80\Omega\sim1k\Omega$ 变化，测量 u_1 和 i_1，根据测量值计算输入电阻 R_i，填入表 5.2.2.

表 5.2.2　负阻抗变换性质测量数据

R/Ω										
u_1/V										
i_1/A										
R_i/Ω										
R_L/Ω										

5.2.6　实验注意事项

① 负阻抗变换器实验板的端口端钮和直流供电端端钮不得接错，更换实验内容时，首先关断实验板的供电电源。

② 输入电压不能过大，否则运算放大器饱和，影响实验测量准确性。

5.2.7　思考题

① 测量负电阻的伏安特性时，能否采用正弦交流信号？为什么？

② 正电阻和负电阻都是二端元件，两者有何不同？

③ 戴维宁定理是否适用于含负电阻的有源单口网络？

5.2.8　实验报告要求

① 根据测量数据计算电流增益 k，绘制负电阻的伏安特性曲线，并与理论值比较，分析误差产生的原因。

② 总结对负阻抗变换器的认识。

5.3　用集成运算放大器组成万用表

5.3.1　实验目的

① 学习万用表的工作原理，掌握组装与调试方法。

② 由集成运算放大器设计、组装万用表。

5.3.2 预习要求

① 自行找资料学习电压表、电流表、欧姆表的工作原理。
② 复习集成运算放大器的工作特性及使用方法。

5.3.3 实验器材

① 表头：灵敏度为1mA，内阻为100Ω，1块。
② 电阻：9个。
③ 二极管：1N4008，4个。
④ 二极管：1N4148，1个。
⑤ 稳压管：1N4728，1个。
⑥ 集成运放大器 μA741：1个。

5.3.4 实验原理

在测量中，电表的接入应不影响被测电路的原工作状态，这就要求电压表应具有无限大的输入电阻，电流表的内阻应为零。但实际上，万用表表头的可动线圈总有一定的电阻，例如100μA的表头，其内阻约为1kΩ，用它进行测量时将影响被测量，引起误差。此外，交流电表中的整流二极管的压降和非线性特性也会产生误差。如果万用电表中使用运算放大器，就能大大降低这些误差，提高测量精度。在欧姆表中采用运算放大器，不仅能得到线性刻度，还能实现自动调零。

(1) 直流电压表　直流电压表原理如图5.3.1所示。为了减小表头参数对测量精度的影响，将表头置于运算放大器的反馈回路中，这样流经表头的电流与表头的参数无关，只要改变 R 就可进行量程的切换。

表头电流与被测电压 U_i，的关系为 $I=U_i/R_1$。图5.3.1适用于测量电路与运算放大器共地的有关电路。此外，当被测电压较高时，在集成运算放大器的输入端应设置衰减器。

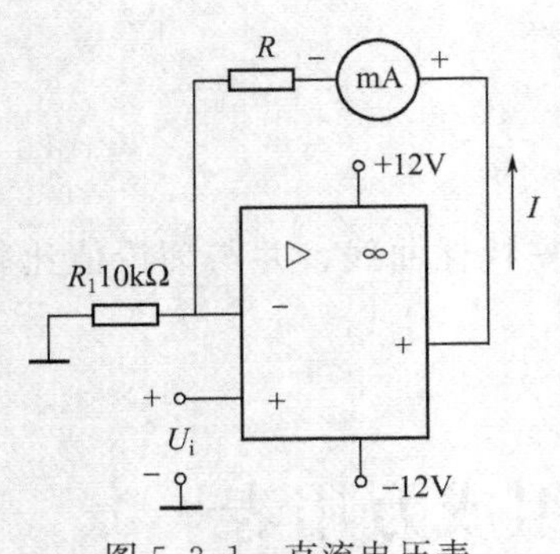

图5.3.1　直流电压表

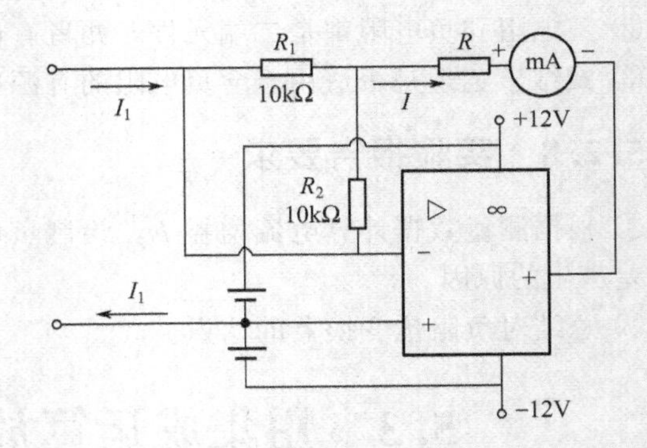

图5.3.2　直流电流表

(2) 直流电流表　直流电流表原理如图5.3.2所示。在电流测量中，浮地电流的测量是普遍存在的，例如，若被测电流无接地点，就属于这种情况。为此，应把运算放大器的电源也对地浮动，按此种方式构成的电流表就可像常规电流表那样，串联在任何电流通路中测量电流。直流电流表表头电流 I 与被测电流 I_1 之间的关系为：

$$I=\left(1+\frac{R_1}{R_2}\right)I_1 \tag{5.3.1}$$

可见，改变电阻比 R_1/R_2，可调节流过电流表的电流，以提高灵敏度。如果被测电流较大时，应给电流表表头并联分流电阻。

(3) 交流电压表　由运算放大器、二极管整流桥和直流毫安表组成的交流电压表如图5.3.3所示。被测交流电压 u_i 加到运算放大器的同相输入端，故有很高的输入阻抗。又因为负反馈能减小反馈回路中的非线性影响，故把二极管整流桥和表头置于运算放大器的反馈回路中，以减小二极管本身非线性的影响。表头电流 I 与被测电压 u_i 的关系为：$I=u_i/R_1$。电流 I 全部流过桥路，其值仅与 u_i/R_1 有关，与桥路和表头参数（如二极管的死区等非线性参数）无关。表头中电流与被测电压 u_i 的全波整流平均值成正比，若 u_i 为正弦波，则表头可按有效值来刻度。被测电压的上限频率决定于运算放大器的频带和上升速率。

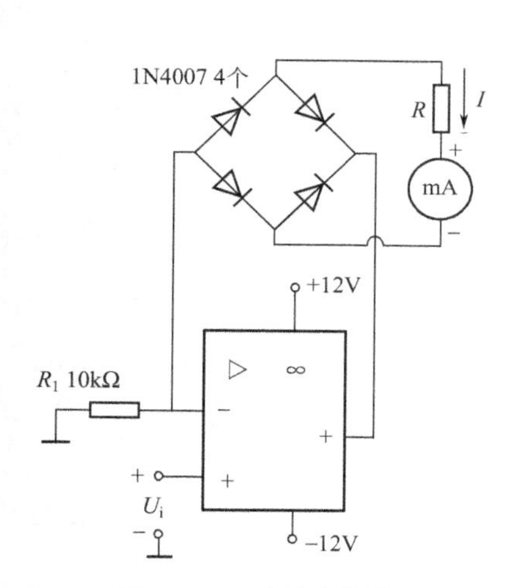

图5.3.3　交流电压表

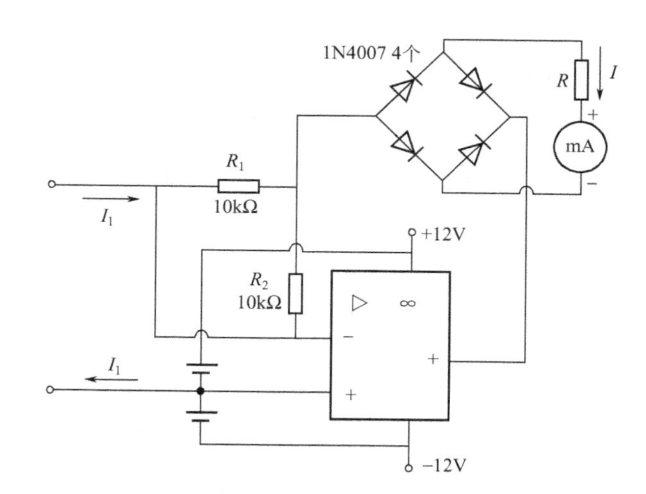

图5.3.4　交流电流表

(4) 交流电流表　交流电流表电路如图5.3.4所示，表头读数由被测交流电流 i 的全波整流平均值 I_{1AV} 决定，即

$$I=\left(1+\frac{R_1}{R_2}\right)I_{1AV} \tag{5.3.2}$$

如果被测电流 i 为正弦电流，即

$$i_1=\sqrt{2}I_1\sin\omega t \tag{5.3.3}$$

则式(5.3.2) 可写为

$$I=0.9\left(1+\frac{R_1}{R_2}\right)I_1 \tag{5.3.4}$$

表头按有效值来定义刻度。

(5) 欧姆表　多量程的欧姆表电路如图5.3.5所示。在此电路中，运算放大器改为由单电源供电，被测电阻 R_x 接在运算放大器的反馈回路中，同相输入端加基准电压 U_{REF}。

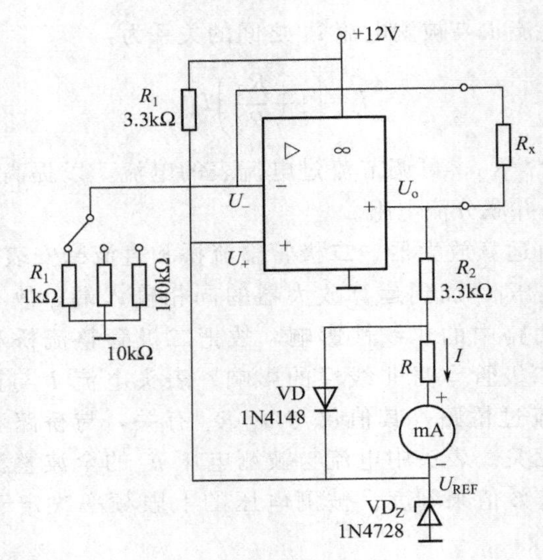

图 5.3.5　欧姆表

由于

$$U_+ = U_- = U_{REF} \tag{5.3.5}$$

$$I_1 = I_x \tag{5.3.6}$$

$$\frac{U_{REF}}{R_1} = \frac{U_o - U_{REF}}{R_x} \tag{5.3.7}$$

因此

$$R_x = \frac{R_1}{U_{REF}}(U_o - U_{REF}) \tag{5.3.8}$$

流经表头的电流为

$$I = \frac{U_o - U_{REF}}{R_2 + R} \tag{5.3.9}$$

由式(5.3.8) 和式(5.3.9) 可得到

$$I = \frac{U_{REF} R_x}{R_1(R_2 + R)} \tag{5.3.10}$$

由式(5.3.10) 可知，电流 I 与被测电阻成正比，而且表头具有线性刻度，改变 R_1 值(R_1 可分别为 1kΩ、10kΩ、100kΩ)，可改变欧姆表的量程。这种欧姆表能自动调零，当 $R_x=0$ 时，电路变成电压跟随器，$U_o=U_{REF}$，故表头电流为零，从而实现自动调零。二极管 VD 起保护作用，如果没有 VD，当 R_x 超量程时，特别是当 $R_x \to \infty$，运算放大器的输出电压将接近于电源电压，使表头过载，调整 R_1 可实现满量程调节。

5.3.5　实验内容与步骤

(1) 设计要求

① 万用表电路是多种多样的，建议用参考电路设计一只较完整的万用表，画出完整的万用表电路原理图。

② 万用表做电压、电流或欧姆测量时，若进行量程切换时应用开关切换，但实验时可用引接线切换。

③ 各电表的量程要求分别为：

直流电压表，满量程+6V；

直流电流表，满量程 10mA；

交流电压表，满量程 6V，50Hz～1kHz；

交流电流表，满量程 10mA；

欧姆表，满量程分别为 1kΩ、10kΩ、100kΩ。

(2) 直流电压表　按图 5.3.1 连接电路，在连接电源时，正、负电源在电路的连接点上对地各接一个 220μF 和 0.01μF 的电容进行滤波，以消除通过电源产生的干扰。将 R_1 换成 47kΩ 的电位器，且将 R_1 置于最大，然后通过对 R_1 的调整，利用标准直流电压表进行校正，直至满足满量程+6V 的要求。R_1 调准后要换上与调后阻值一致的高精度电阻。本实验及以下表头均采用灵敏度为 1mA，内阻为 100Ω。

(3) 直流电流表　按图 5.3.2 连接电路，与直流电压表实验相同，仍需加滤波电容对电源进行滤波消除干扰。按照实验要求的 10mA 量程及实验原理，表头电流 $I=\left(1+\frac{R_1}{R_2}\right)I_1$ 大于被测电流 I_1，因此，在表头两端要并联一个 50Ω 微型可调电阻作为分流电阻，先将其调为最小值，获得最大分流，对微调电阻调整、校准后换上固定电阻。

(4) 交流电压表　按图 5.3.3 连接电路，实验方法同直流电压表实验。要加电源滤波电容消除电源干扰，同时将 R_1 换成 47kΩ 多圈微型可调电阻。被测电压为正弦电压，表头应按有效值来刻度。

(5) 交流电流表　按图 5.3.4 连接电路，实验方法同直流电流表实验。要加电源滤波电容消除电源干扰，在表头两端要并联分流电阻，分流电阻采用 50Ω 多圈微型可调电阻。被测电流为正弦电压，表头应按有效值来刻度。

(6) 欧姆表　按图 5.3.5 连接电路，将 R_1 接到 1kΩ 端，R_2 换成 100kΩ 的电位器，根据原理知，流过表头的电流为 $I=\frac{U_{REF}R_x}{R_1(R_2+R)}=\frac{3.3R_x}{1\times(0.1+R_2)}\text{mA}$，$R_x$ 外接 1kΩ 标准电阻，调可变电阻 R_2 使表头电流满偏 1mA，则被测电阻满量程为 1kΩ；同样将 R_1 接到 10kΩ 端时，被测电阻满量程为 10kΩ；将 R_1 接到 100kΩ 端时，被测电阻满量程为 100kΩ。

5.3.6　实验注意事项

① 在直流电压表实验前，应先将 R_1 调至最大。

② 在直流电流表实验前，应将分流电阻调至最小。

③ 在连接电源时，正、负电源连接点上各接大容量的滤波电容器和 0.01～0.1μF 的电容器，以消除通过电源产生的干扰。

5.3.7　思考题

① 集成运算放大器 μA741 是否需要外接电阻进行调零？

② μA741 能用±15V 电源供电吗？

5.3.8　实验报告要求

① 画出完整的万用电表的设计电路原理图。

② 将万用电表与标准表测试比较，计算万用电表各功能挡的相对误差，分析误差原因。

5.4 单相电度表的连接及校验

5.4.1 实验目的

① 掌握电度表的接线方法。

② 学会电度表的校验方法。

5.4.2 预习要求

① 认真阅读电度表的工作原理。

② 复习功率表、交流电流表及万用表的使用方法

5.4.3 实验器材

① 电工实验台（DG052）。

② 万用表。

③ 秒表。

④ 单相电度表。

⑤ 有功功率表。

⑥ 交流电流表。

5.4.4 实验原理

① 电度表是一种感应式仪表，是根据交变磁场在金属中产生感应电流，从而产生转矩的基本原理而工作的仪表，主要用于测量交流电路中的电能。它的指示器不能像其他指示仪表的指针一样停留在某一位置，而应能随着电能的不断增大（也就是随着时间的延续）而连续地转动，这样才能反映出电能积累的总数值。因此，它的指示器是一个“计算机构”，它是将转动部分通过齿轮传动机构转换为被测电能的数值，由一系列齿轮上的数字直接指示出来。它的驱动元件是由电压铁芯线圈和电流铁芯线圈在空间上、下排列，中间隔一铝制的圆盘。驱动两个铁芯线圈的交流电，建立起合成的特殊分布的交变磁场，并穿过铝盘，在铝盘上产生出感应电流，该电流与磁场的相互作用产生转动力矩驱动铝盘转动。铝盘上方装有一块永久磁铁，其作用是对转动的铝盘产生制动力矩，使铝盘转速与负载功率成正比。因此，在某一测量时间内，负载所消耗的电能 W 与铝盘的转数 n 成正比，即 $N=n/W$。比例系数 N 称为电度表常数，常在电度表上标明，其单位是转/(千瓦·时)。

② 电度表的准确度是指被校验电度表电能测量值 W_X 与标准表指示的实际电能 W_A 之间的相对误差百分数，即 $\frac{W_X-W_A}{W_A}\times 100\%$。本实验采用功率表、秒表法校验电度表的准确度。在此，功率表作为标准表使用。在测量时间 T 内，被测电路实际消耗的电能 $W_A=PT$，如果在测量时间 T 内铝盘转数为 n，则被校验电度表的电能测量值为 $W_X=n/N$。

③ 电度表的灵敏度是指在额定电压、额定频率及 $\cos\varphi=1$ 条件下，从零开始调节负载

电流，测出铝盘开始转动的最小电流值 I_{min}，则仪表的灵敏度表示为 $S=\frac{I_{min}}{I_N}\times100\%I_{min}$。式中，$I_N$ 的值为电度表的额定电流。

④ 电度表的潜动是指负载电流等于零时，电度表仍出现缓慢转动的情况，按照规定，无负载电流时，外加电压为电度表额定电压的 110 %（达 242V）时，观察铝盘的转动是否超过一周，凡超过一周者，判为潜动不合格的电度表。

5.4.5 实验内容及步骤

(1) 被校验电度表的额定数据　额定电流 $I=$________，额定电压 $U=$________，电度表常数 $N=$________。

(2) 用功率表、秒表法校验电度表的准确度　按图 5.4.1 接线路，电度表的接线与功率表相同，其电流线圈与负载串联，电压线圈与负载并联。线路中电压表及电流表作监测用。

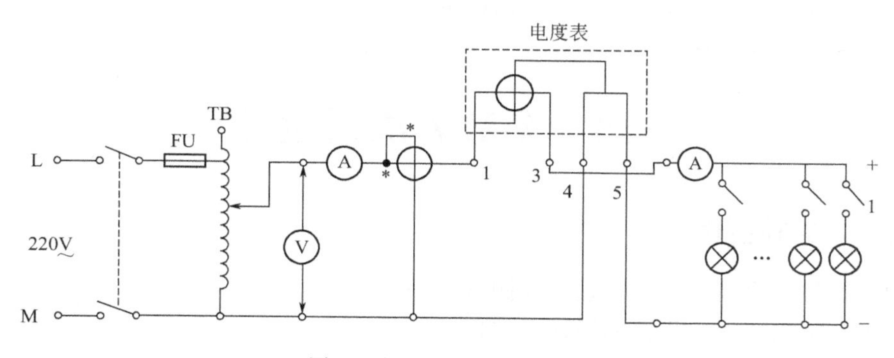

图 5.4.1　电度表校验接线

线路经指导教师检查无误后，接通电源，将调压器的输出电压调至 220V，按表 5.4.1 要求接通灯组负载，用秒表定时记录电度表铝盘的转数及记录各表的读数。

为了计时、数圈数的准确起见，可将电度表铝盘上的一小段红色标记（或黑色）刚出现（或刚结束）时作为秒表计时的开始。此外，为了能记录整数转数，可先预定好转数，以电度表铝盘刚转完预定转数时，作为秒表测定时间的终点，所测数据记入表 5.4.1 中。

表 5.4.1　电度表测量

负载情况	测量值					计算值			
	U/V	I/A	P/W	测定时间/s	转数 n/转	测量电能 W_X/(kW·h)	实验电能 W_A/(kW·h)	相对误差	电度表常数 N
2×60W									
4×60W									

(3) 灵敏度的检查　能使电度表铝盘开始转动的电流往往很小，通常只有 $0.5\%I_N$，故将图 5.4.1 中的灯组负载拆除，换接一个 100kΩ 高阻值的可变电阻器与 10kΩ 的保护电阻相串联，调节可变电阻器阻值（由最大值 100kΩ 缓慢向下调节），记下使电度铝盘开始转动的最小电流值，然后通过计算求出电度表的灵敏度，并与标准值作比较。

（4）检查电度表的潜动是否合格　此时，只要切断负载，即断开电度表的电流线圈回路，调节调压器的输出电压为额定电压的 110 %（即 242V），仔细观察电度表的铝盘有否转动，一般允许有缓慢地转动，但应在不超过一转的任一点上停止，这样，电度表的潜动为合格，反之则不合格。

5.4.6　实验注意事项

① 接线要认真仔细，不能接错线，尤其是电流线圈。
② 认真检查好线路方可通电。

5.4.7　思考题

可否将图 5.4.1 中的 4 点和 5 点连在一起？

5.4.8　实验报告要求

① 对被校电度表的各项技术指标作出评论。
② 总结校表工作的体会。

5.5　多数表决器设计

5.5.1　实验目的

① 熟练掌握组合逻辑电路的设计与测试方法。
② 掌握三人及四人表决器的设计与实现。

5.5.2　预习要求

① 根据实验任务要求设计组合电路，并根据所给的标准器件画出逻辑图。
② 拟定实验步骤及实验表格。

5.5.3　实验器材

① 数字实验箱：1 个。
② TTL、二四输入与非门 74LS20，1 片。
③ 数字万用表：1 块。
④ TTL：三三输入与非门 74LS10，2 片。
⑤ TTL：四二输入与非门 74LS00，1 片。

5.5.4　实验原理

根据设计任务的要求建立输入、输出变量，并列出真值表。然后用逻辑代数或卡诺图化简法求出简化的逻辑表达式。并按实际选用的逻辑门的类型修改逻辑表达式。根据简化后的逻辑表达式，画出逻辑图，用标准器件构成逻辑电路。最后，用实验来验证设计的正确性。设计过程中用到芯片 74LS10、74LS20、74LS00，其引脚排列可参看图 5.5.1、图 5.5.2、图 4.6.1。

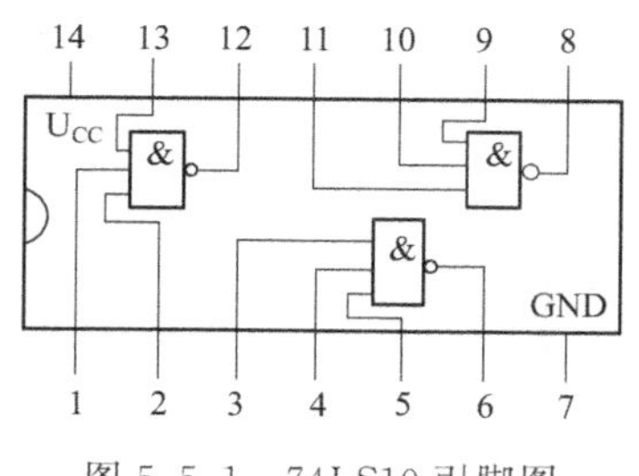

图 5.5.1　74LS10 引脚图

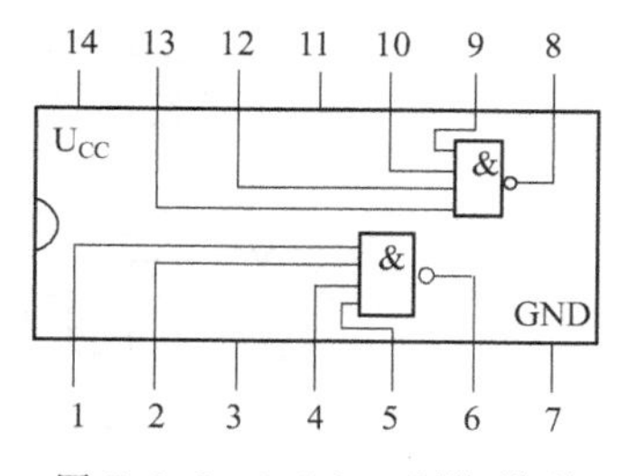

图 5.5.2　74LS20 引脚排列

四人表决电路：当四个输入中有三个及以上为“1”时，输出才为“1”。真值表见表 5.5.1。

表 5.5.1　四人表决电路真值表

输入变量				输出变量
A	*B*	*C*	*D*	*Y*
0	0	0	0	0
0	0	0	1	0
0	0	1	0	0
0	0	1	1	0
0	1	0	0	0
0	1	0	1	0
0	1	1	0	0
0	1	1	1	1
1	0	0	0	0
1	0	0	1	0
1	0	1	0	0
1	0	1	1	1
1	1	0	0	0
1	1	0	1	1
1	1	1	0	1
1	1	1	1	1

由真值表得出逻辑表达式，并化简成“与非”的形式：

$$Y=ABC+BCD+ACD+ABD=\overline{\overline{ABC}\,\overline{BCD}\,\overline{ACD}\,\overline{ABD}}$$

根据逻辑表达式画出用“与非门”构成的逻辑电路，如图 5.5.3 所示。

5.5.5　实验内容及步骤

多数表决器电路的设计。

要求：现有三个输入变量 *A*、*B*、*C*，一个输出 *Y*，按少数服从多数原则，至少有两个输入为“1”时，输出才为“1”。

① 画出完成此任务的真值表；

② 写出最简与非形式；

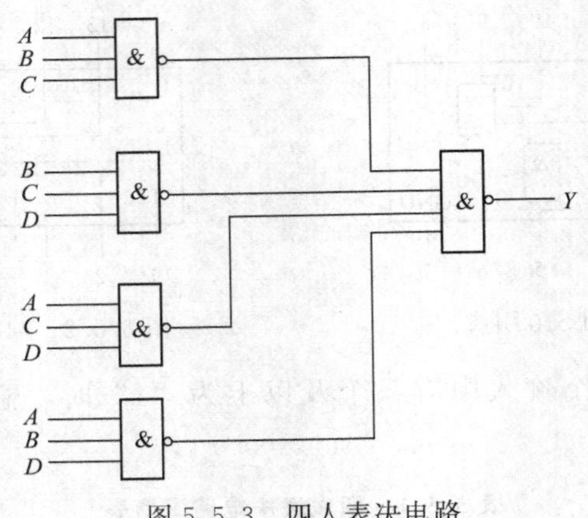

图 5.5.3 四人表决电路

③ 画出三人表决器的原理图及接线图；

④ 选择正确的元器件，按图接线，进行数据测试。

5.5.6 实验注意事项

① 要熟悉芯片的引脚排列，芯片的电源与接地端不能接反，否则会损坏器件。

② 电路应该在断电的情况下接线。

5.5.7 思考题

本节的例子四人表决器若题设改为"A 为'1'得 2 分，B、C、D 为'1'各得 1 分，总分 3 分以上表决通过"，如何设计？

5.5.8 实验报告要求

① 画出电路图。

② 总结组合逻辑电路设计的体会。

5.6 任意进制计数器设计

5.6.1 实验目的

① 用一片 74LS290 设计 N 进制计数器（$N \leqslant 10$）。

② 用两片 74LS290 设计 N 进制计数器（$100 \geqslant N \geqslant 10$）。

5.6.2 预习要求

① 复习集成计数器的有关内容和理论知识。

② 阅读有关 74LS290 性能及使用方法的相关知识，理解实验原理，了解设计步骤。

③ 设计的电路，应在上实验课前完成原理图设计。

5.6.3 实验器材

① 数字实验箱：1 个。

② TTL：74LS290，2 片。

③ 数字万用表：1 块。

④ TTL：74LS08，1 片。

5.6.4　实验原理

若集成计数器的计数模值为 M，当所设计的计数器进制 $N<M$ 时，可用一片集成计数器构成；当所设计的计数器进制 $N>M$ 时，可采用计数器级联方式，完成计数器设计。几个计数器级联起来，从而获得所需要的大容量计数器后，再用反馈归零法获得大容量的 N 进制计数器。例如要获得 $N=6$ 进制的计数器，可以选择一片 74LS290 构成十进制计数器，再用反馈归零法获得六进制计数器；再如获得十二进制计数器，可用 2 片 74LS290 级联构成一百进制计数器，再用反馈归零法得到十二进制计数器。

【例 1】 试用 74LS290 设计六进制计数器。

74LS290 是二-五-十进制计数器，其引脚排列如图 5.6.1 所示，可用 1 片先构成十进制计数器，再利用反馈归零法实现六进制计数器。如图 5.6.2 所示。

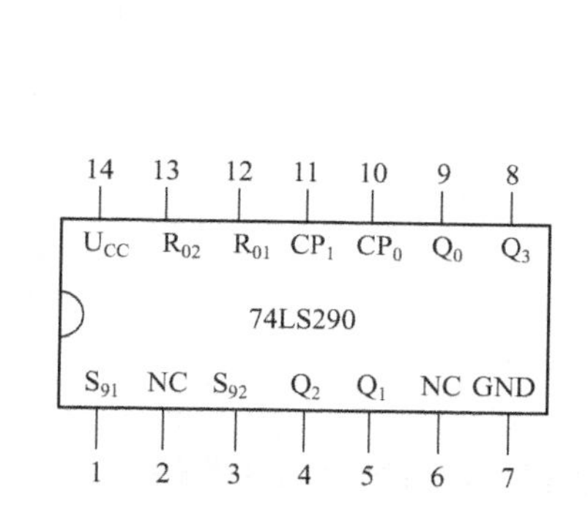

图 5.6.1　74LS290 引脚排列及逻辑符号

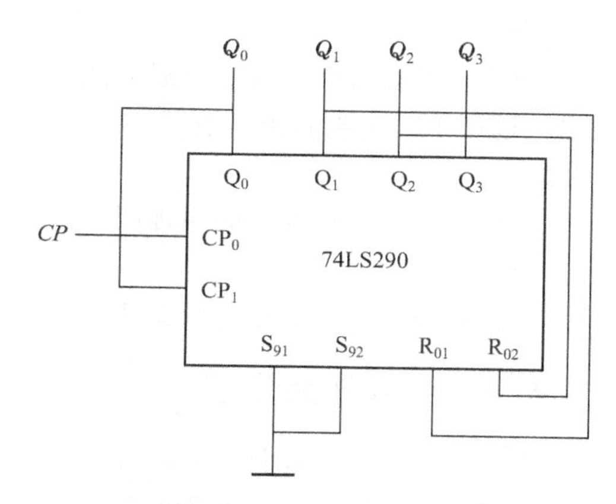

图 5.6.2　六进制计数器

【例 2】 试用 74LS290 设计十二进制计数器。

可用 2 片分别先构成十进制计数器，然后再级联构成一百进制计数器，再利用反馈归零法实现十二进制计数器。如图 5.6.3 所示。

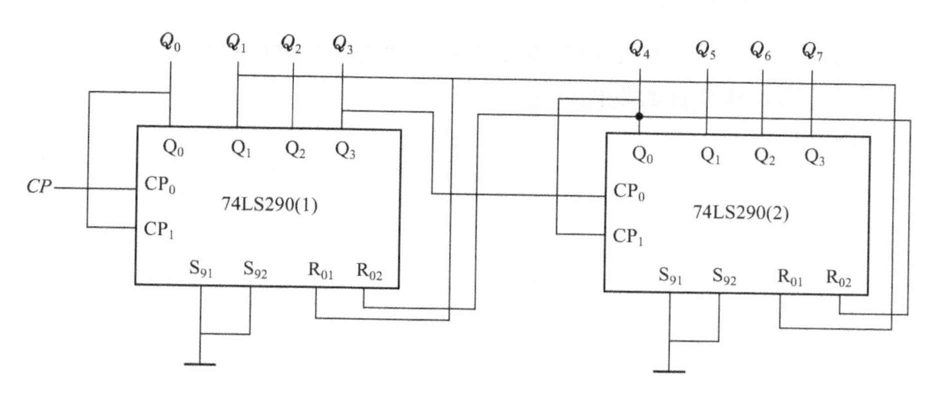

图 5.6.3　十二进制计数器

5.6.5 实验内容及步骤

(1) 设计一个七进制计数器。

要求：

① 画出七进制计数器的原理图。本内容需要用到芯片 74LS08，其引脚图如图 5.6.4 所示。

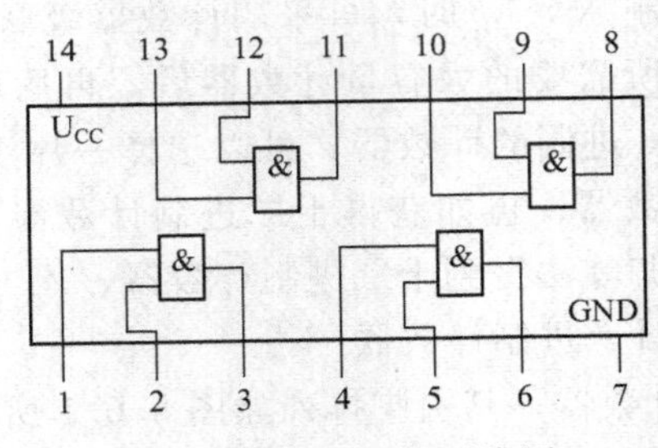

图 5.6.4 74LS08 引脚图

② 接线。

③ 设计数据测试表，进行数据测试。

(2) 设计十二进制异步计数器。

要求：

① 画出十二进制计数器的原理图。

② 接线。

③ 设计数据测试表，进行数据测试。

5.6.6 实验注意事项

① 要熟悉芯片的引脚排列，芯片的电源与接地端不能接反，否则会损坏器件。

② 电路应该在断电的情况下接线。

5.6.7 思考题

如何理解“异步”与“同步”的意义？

5.6.8 实验报告要求

① 画出电路图，记录、整理实验现象及波形，对实验结果进行分析。

② 总结构成大容量集成计数器的体会。

附录　实验中常用TTL集成电路芯片引脚功能

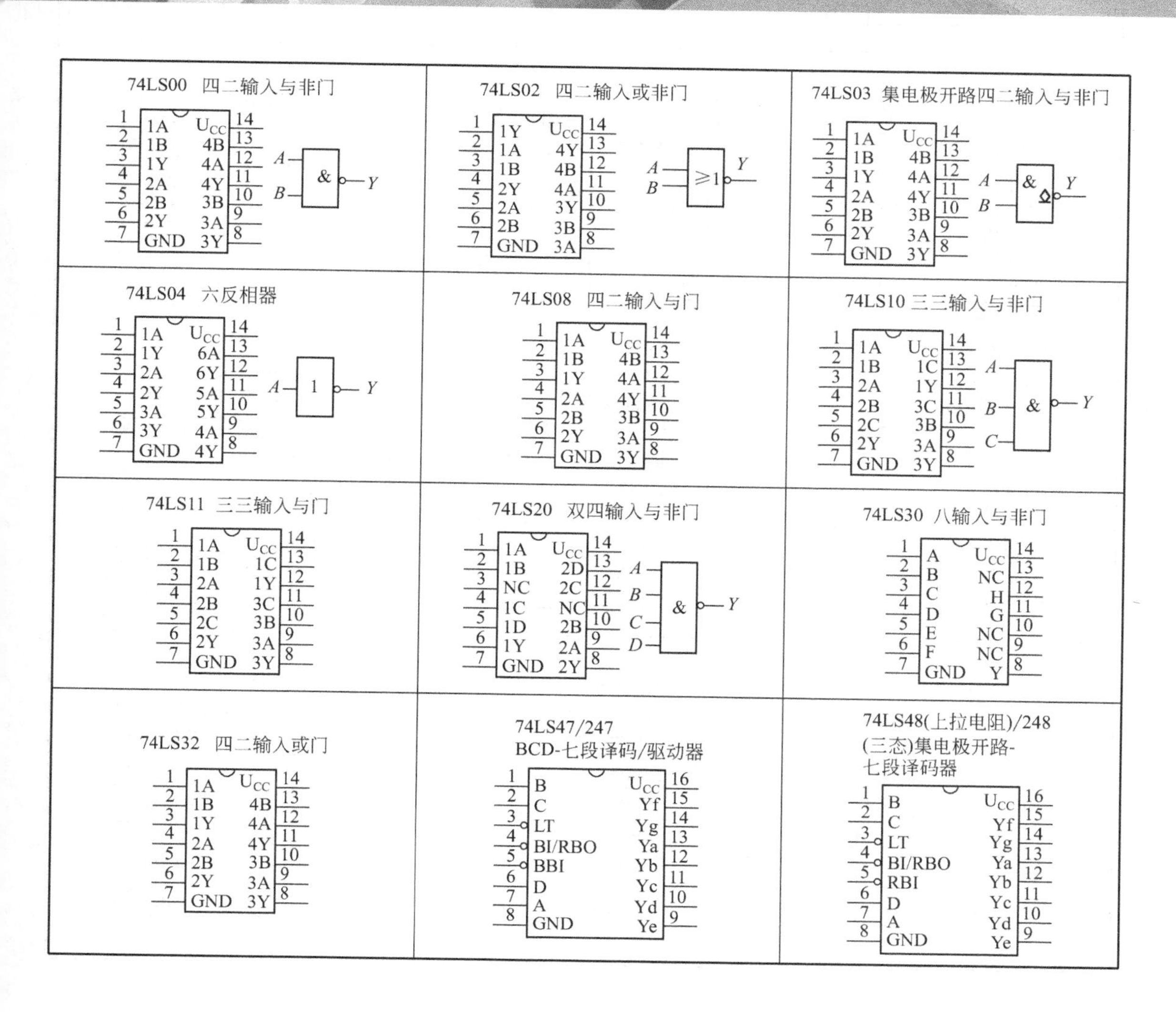

续表

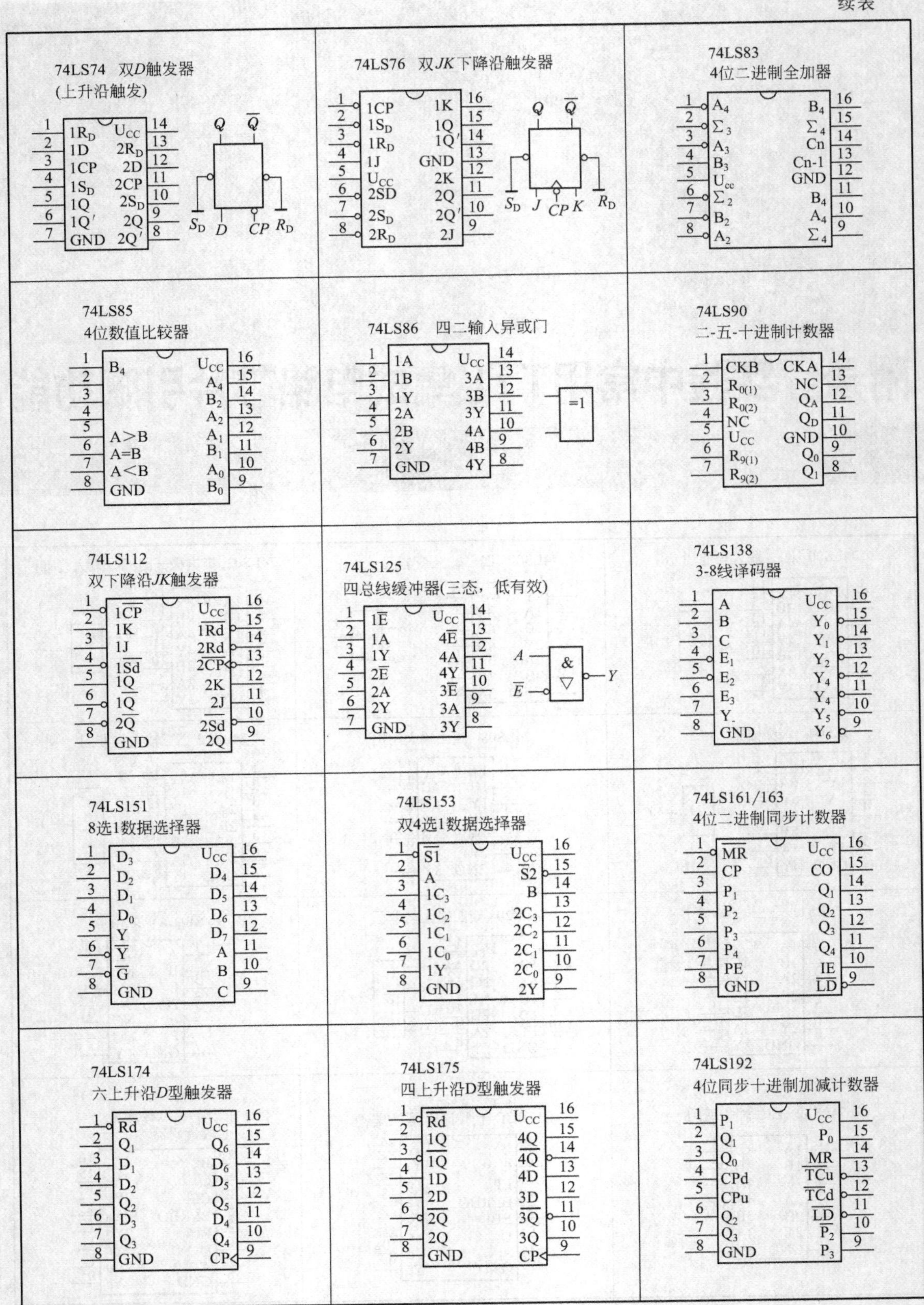
74LS74 双D触发器
(上升沿触发)
1RD UCC 1D 2RD 1CP 2D 1SD 2CP 1Q 2SD 1Q′ 2Q GND 2Q′
Q Q̄ SD D CP RD
74LS76 双JK下降沿触发器
1CP 1K 1SD 1Q 1RD 1Q′ 1J GND UCC 2K 2SD 2Q 2SD 2Q′ 2RD 2J
Q Q̄ SD J CP K RD
74LS83
4位二进制全加器
A4 B4 Σ3 Σ4 A3 Cn B3 Cn-1 Ucc GND Σ2 B4 B2 A4 A2 Σ4
74LS85
4位数值比较器
B4 UCC A4 B2 A2 A1 B1 A0 B0 A>B A=B A<B GND
74LS86 四二输入异或门
1A UCC 1B 3A 1Y 3B 2A 3Y 2B 4A 2Y 4B GND 4Y
=1
74LS90
二-五-十进制计数器
CKB CKA R0(1) NC R0(2) QA NC QD UCC GND R9(1) Q0 R9(2) Q1
74LS112
双下降沿JK触发器
1CP UCC 1K 1Rd 1J 2Rd 2CP 1Sd 2K 1Q 2J 1Q 2Sd 2Q GND 2Q
74LS125
四总线缓冲器(三态，低有效)
1E UCC 1A 4E 1Y 4A 2E 4Y 2A 3E 2Y 3A GND 3Y
A Ē & ▽ Y
74LS138
3-8线译码器
A UCC B Y0 C Y1 E1 Y2 E2 Y4 E3 Y4 Y Y5 GND Y6
74LS151
8选1数据选择器
D3 UCC D2 D4 D1 D5 D0 D6 Y D7 Y A G B GND C
74LS153
双4选1数据选择器
S1 UCC A S2 1C3 B 1C2 2C3 1C1 2C2 1C0 2C1 1Y 2C0 GND 2Y
74LS161/163
4位二进制同步计数器
MR UCC CP CO P1 Q1 P2 Q2 P3 Q3 P4 Q4 PE IE GND LD
74LS174
六上升沿D型触发器
Rd UCC Q1 Q6 D1 D6 D2 D5 Q2 Q5 D3 D4 Q3 Q4 GND CP
74LS175
四上升沿D型触发器
Rd UCC 1Q 4Q 1Q 4Q 1D 4D 2D 3D 2Q 3Q 2Q 3Q GND CP
74LS192
4位同步十进制加减计数器
P1 UCC Q1 P0 Q0 MR CPd TCu CPu TCd Q2 LD Q3 P2 GND P3

续表

74LS194 4位双向通用移位寄存器 1 $\overline{MR}$, 2 SR, 3 D_0, 4 D_1, 5 D_2, 6 D_3, 7 SL, 8 GND 16 U_{CC}, 15 Q_0, 14 Q_1, 13 Q_2, 12 Q_3, 11 CLK, 10 S_1, 9 S_0	74LS196 可预置十进/二、五混合进制计数器/锁存器 1 $CT/\overline{LD}$, 2 Q_1, 3 C, 4 A, 5 Q_4, 6 CP, 7 GND 14 U_{CC}, 13 $\overline{CR}$, 12 Q_0, 11 D, 10 B, 9 Q_0, 8 $\overline{CP}$	74LS283 四位二进制超前进位全加器 1 Σ_2, 2 B_2, 3 A_2, 4 Σ_1, 5 A_1, 6 B_1, 7 C_0, 8 GND 16 U_{CC}, 15 B_3, 14 A_3, 13 Σ_3, 12 A_4, 11 B_4, 10 Σ_4, 9 C_4
555定时器 NE 555P 8 U_{CC} +5V, 7 放电端, 6 阈值端, 5 控制电压输入 1 地, 2 触发端, 3 输出端, 4 复位端	共阴数码管 10 g, 9 f, 8, 7 a, 6 b 1 e, 2 d, 3, 4 c, 5 h	共阳数码管 10 c, 9 f, 8 U_{CC}, 7 a, 6 b 1 e, 2 d, 3 U_{CC}, 4 e, 5 h
CD4017 十进制计数/分频器 1 Y_5, 2 Y_1, 3 Y_0, 4 Y_2, 5 Y_6, 6 Y_7, 7 Y_3, 8 U_{SS} 16 U_{DD}, 15 R, 14 CP, 13 $\overline{EN}$, 12 $\overline{CO}$, 11 Y_9, 10 Y_4, 9 Y_8	CD4020 14位二进制串行计数器 1 Q_{12}, 2 Q_{13}, 3 Q_{14}, 4 Q_6, 5 Q_5, 6 Q_7, 7 Q_4, 8 V_{ss} 16 U_{DD}, 15 Q_{11}, 14 Q_{10}, 13 Q_8, 12 Q_9, 11 R, 10 CP, 9 Q_1	CD4028 BCD—十进制译码器 1 Y_4, 2 Y_2, 3 Y_0, 4 Y_7, 5 Y_9, 6 Y_5, 7 Y_6, 8 U_{SS} 16 U_{DD}, 15 Y_3, 14 Y_1, 13 B, 12 C, 11 D, 10 A, 9 Y_8
CC40192 (十进制)/193 (二进制) 4位同步加减计数器 1 P_1, 2 Q_1, 3 Q_0, 4 CPd, 5 CPu, 6 Q_2, 7 Q_3, 8 U_{SS} 16 U_{DD}, 15 P_0, 14 MR, 13 TCu, 12 TCd, 11 LD, 10 P_2, 9 P_3	ADC0809 模/数转换器 1 IN_3, 2 IN_4, 3 IN_5, 4 IN_6, 5 IN_7, 6 START, 7 EOC, 8 D_3, 9 OE, 10 CLOCK, 11 U_{CC}, 12 REF+, 13 GND, 14 D_1 28 IN_2, 27 IN_1, 26 IN_0, 25 A_0, 24 A_1, 23 A_2, 22 ALE, 21 D_7, 20 D_6, 19 D_5, 18 D_4, 17 DO, 16 REF−, 15 D_2	ADC0832 数/模转换器 1 $\overline{CS}$, 2 $\overline{WR1}$, 3 AGND, 4 D3, 5 D2, 6 D1, 7 D0, 8 U_{REF}, 9 RfB, 10 DGND 20 U_{CC}, 19 ILE, 18 $\overline{WR}$, 17 $\overline{XFER}$, 16 D4, 15 D5, 14 D6, 13 D7, 12 IOUT2, 11 IOUT1

参 考 文 献

[1] 秦增煌．电工学［M]．第7版．北京：高等教育出版社，2009.

[2] 董毅等．电工电子技术实践教程．北京：清华大学出版社，2011.

[3] 李艳民．电工和电子技术．第2版．北京：北京理工大学出版社，2011.

[4] 蔡良伟．电路与电子学实验教程．西安：西安电子科技大学出版社，2012.

[5] 房国志．模拟电子技术实验教程．哈尔滨：哈尔滨工业大学出版社，2013.

[6] 朱庆欢．电工与电子技术实验．广州：暨南大学出版社，2010.

[7] 邹其洪．电工电子实验与计算机仿真．第3版．北京：电子工业出版社，2012.

[8] 房国志．数字电子技术实验教程．哈尔滨：哈尔滨工业大学出版社，2013.

[9] 阎石．数字电子技术基础［M]．第4版．北京：高等教育出版社，1998.

[10] 童诗白．模拟电子技术基础［M]．第4版．北京：高等教育出版社，2006.

[11] 李振声，李晓飞．电工电子实验教程［M]．第2版．北京：科学出版社，2012.

[12] 尹明，王丽娟，林春．电路原理实验教程［M]．哈尔滨：哈尔滨工业大学出版社，2013.

[13] 赵明，刘大力，李云．电工学实验教程［M]．哈尔滨：哈尔滨工业大学出版社，2013.

[14] 冯涛，杨淑华，李擎．电路分析基础实验与实践教程［M]．北京：化学工业出版社，2016.

[15] 桑林，邳志刚．电工与电子技术实验教程［M]．北京：化学工业出版社，2016.

[16] 莫文贞，余艳青．电工电子技术实践教程．西安：西安电子科技大学出版社，2015.